高等职业技术教育"十二五"规划教材

数字电路技术基础

主　编　鲁　军

副主编　马元凯　熊　英
　　　　况　君　刘　洋

主　审　梁卫华

U0347559

西南交通大学出版社

·成　都·

内容简介

　　本书介绍了数制与代码、常用逻辑门的符号及功能等数字电路技术的基础知识，各种常用集成门电路的基本特性及实际应用电路，同时给出了典型实训内容和项目设计。主要内容包括逻辑代数基础、门电路、组合逻辑电路、集成触发器、时序逻辑电路、半导体存储器与可编程逻辑器件、数-模与模-数转换器等内容，重点介绍了各种门电路的应用实例，以典型应用电路作为项目设计和实训内容。

　　本书可作为高等职业院校计算机、电子、通信等工科类专业的教材，也可作为大中专院校师生的专业参考书。

图书在版编目（CIP）数据

　　数字电路技术基础 / 鲁军主编. —成都：西南交通大学出版社，2014.2（2022.2 重印）

　　高等职业技术教育"十二五"规划教材

　　ISBN 978-7-5643-2911-2

　　Ⅰ. ①数… Ⅱ. ①鲁… Ⅲ. ①数字电路-高等职业教育-教材 Ⅳ. ①TN79

　　中国版本图书馆 CIP 数据核字（2014）第 027473 号

高等职业技术教育"十二五"规划教材

数字电路技术基础

主编 鲁 军

*

责任编辑　李芳芳

助理编辑　宋彦博

特邀编辑　黄庆斌

封面设计　墨创文化

西南交通大学出版社出版发行

（四川省成都市二环路北一段 111 号　西南交通大学创新大厦 21 楼

邮政编码：610031　发行部电话：028－87600564）

http://www.xnjdcbs.com

四川森林印务有限责任公司印刷

*

成品尺寸：185 mm×260 mm　　印张：10.75

字数：269 千字

2014 年 2 月第 1 版　　2022 年 2 月第 6 次印刷

ISBN 978-7-5643-2911-2

定价：23.00 元

前　言

　　"数字电路技术基础"是通信、电子及计算机等专业必修的一门基础课，也是从电学基础知识向专业知识过渡的重要课程之一。本书根据高等职业教育电子信息工程、通信技术及相近专业的教学要求编写而成。在编写过程中，主要考虑到要符合高职高专教育的特点，以应用为目的，以必须、够用为尺度，以基本概念、基本电路、基本方法为重点，因此在教材结构及内容安排上更加注重了集成电路的应用，将"教""学""做""评"融为一体，以培养学生的实践技能。

　　全书包括7章、两个综合实训及附录。第1章为逻辑代数基础，主要介绍数制与代码、常用逻辑门的符号及功能、逻辑函数的描述方法及化简；第2章为门电路，主要介绍TTL、CMOS门电路及其应用；第3章为组合逻辑电路，主要介绍组合逻辑电路的分析和设计、常见组合逻辑模块的功能和应用；第4章为集成触发器，主要介绍RS、JK、D、T等常用触发器及其应用；第5章为时序逻辑电路，主要介绍时序逻辑电路的分析和设计、常见时序逻辑模块的功能和应用；第6章为半导体存储器与可编程逻辑器件，主要介绍半导体存储器的特点及可编程逻辑器件PLD的发展概况；第7章为数-模和模-数转换器，主要介绍集成数-模转换器和模-数转换器的基本概念、基本原理和典型电路。

　　本书除第1章讲逻辑代数基础外，其他各章都把相关应用电路部分内容单独成节，这样既有利于加强学生学习针对性、激发学习兴趣，也便于授课老师根据具体情况进行内容拓展。此外，每章都配有思考和练习题，安排有技能实训和综合实训，可以提高学生对数字电路的实际操作能力和综合应用能力。

　　为了全面落实教育部的"十二五"教育规划纲要，以服务为宗旨、以就业为导向，遵循技能型人才成长规律，适应经济发展方式、产业发展水平、岗位对技能型人才的要求，本书坚持行业指导、企业参与、校企合作的教材开发机制。因此，特别邀请了重庆普天普科通信技术有限公司总经理马元凯参与教材的开发和编写工作，切实反映了职业岗位能力对专业基础课程的要求，对接企业用人需求。

　　本书由鲁军副教授担任主编，并负责全书的统稿；由马元凯、熊英、况君、刘洋担任副主编；由重庆电讯职业学院通信技术系梁卫华主任担任主审，并为本书的编写提出了很多指导性意见。

　　本书在编写过程中参考了众多专家学者的研究成果，在此，向所有作者表示深深的谢意。

　　由于编者水平有限，加之时间仓促，书中难免存在不妥之处，诚望读者批评指正。

编　者

2013年4月于重庆

目 录

逻辑代数基础

　　数字电路主要研究数字信号的产生、存储、变换及运算等，其分析及设计方法是电子工程技术人员所必备的基础知识。二进制和逻辑代数是目前数字逻辑电路中进行算术运算及逻辑运算的主要数学工具。

　　本章主要讨论数字电路的计数体制、逻辑代数、逻辑函数及其化简。

1.1　数制与代码

1.1.1　数　制

　　数制就是计数的制度，也称为计数方式或位置计数制；代码则是一种符号，指特殊的数码。

　　人们在生活中经常使用的是十进制计数方式；而在数字电路中，由于经常使用电路的通、断或电平的高、低来表示"1"和"0"，因此采用二进制计数方式更加方便和实用。此外，为了读写和操作方便，在数字电路中还经常使用八进制和十六进制计数方式。不同的数制之间可以相互转换，为了区别不同的计数方式，通常在数的左右两边加括号，并在右括号的下标处指明进制。

　　1. 十进制

　　在十进制数中，每个数位可用的数码为 0 ~ 9，共十个数码。其计数规则是"逢十进一"。通常我们把每位可用数码的个数称为该进制数的"基数"。如十进制数的"基数"是"10"。十进制数用下标"10"表示，也可用英文大写字母"D"表示。

　　另外，在这种位置计数制中，同一个数码在不同的数位上所表示的数值是不同的。例如，十进制数（911.1）$_{10}$，小数点前第二位的"1"代表 10^1，第一位的"1"代表 10^0，而小数点后第一位的"1"代表 10^{-1}。通常我们把某位数码为 1 时所代表的十进制数值称为该位的"权"。十进制整数个位、十位、百位……的权分别为 10^0、10^1、10^2…。一般地说，第 i 位的权为基

数的 i 次幂，其中 $i = \cdots 2$、1、0、-1、$-2 \cdots$，也称 i 为各个数位的序号。

运用"权"的概念，我们可以将任意一个十进制数表示成每位数码乘以该位的"权"值，然后相加的形式。例如：

$$(368.25)_{10} = 3 \times 10^2 + 6 \times 10^1 + 8 \times 10^0 + 2 \times 10^{-1} + 5 \times 10^{-2}$$

十进制数人们最熟悉，但在数字电路中实现起来比较困难。

2. 二进制

在二进制数中，每个数位可使用的数码为 0、1，共 2 个数码，故其基数为 2。其计数规则是"逢二进一"。二进制数的下标用"2"表示，也可用英文大写字母"B"表示。各位的权值为 2^i，其中 i 是各个数位的序号。我们也可运用"权"的概念，将一个二进制数表示成每位数码乘以该位的"权"值，然后相加的形式。例如：

$$(1011.01)_2 = 1 \times 2^3 + 0 \times 2^2 + 1 \times 2^1 + 1 \times 2^0 + 0 \times 2^{-1} + 1 \times 2^{-2} = (11.25)_{10}$$

可见，二进制数变为十进制数只需要按权展开相加即可。此外二进制数由于只需两个状态，机器实现容易，但有时二进制数位数太多，不便书写和记忆。

由于二进制可以很方便地用具有两个稳定状态的电子器件（如晶体管）的饱和及截止来实现（其中一个状态表示"0"，另一个状态表示"1"），而且二进制运算简单，因此在数字电路及计算机中得到了广泛应用。

3. 八进制

在八进制数中，每个数位上可使用的数码为 0~7，共 8 个，故其基数为 8。其计数规则为"逢八进一"。八进制数的下标用"8"表示，也可用英文大写字母"O"表示。各位的权值为 8^i，其中 i 是各个数位的序号。例如：

$$(752.34)_8 = 7 \times 8^2 + 5 \times 8^1 + 2 \times 8^0 + 3 \times 8^{-1} + 4 \times 8^{-2} = (490.4375)_{10}$$

因为 $2^3 = 8$，即 3 位二进制数可用一位八进制数表示，所以八进制数便于表示较长的二进制数。

4. 十六进制

在十六进制中，每个数位上规定使用的数码符号为 0~9 和 A~F，共 16 个，故其进位基数为 16。其计数规则是"逢十六进一"。十六进制数的下标用"16"表示，也可用英文大写字母"H"表示。各位的权值为 16^i，其中 i 是各个数位的序号。例如：

$$(2B.4)_{16} = 2 \times 16^1 + 11 \times 16^0 + 4 \times 16^{-1} = (43.25)_{10}$$

因为 $2^4 = 16$，4 位二进制数可用一位十六进制数表示，所以可用十六进制数表示较长的二进制数。在数字系统中，二进制主要用于机器内部的数据处理，八进制和十六进制主要用于书写程序，十进制主要用于运算最终结果的输出。

1.1.2　数制的转换

由于二进制数不便于读写，而人们又习惯使用十进制数，因此二进制数往往只在数字电路、计算机内部使用，这就需要在机器的输入端及输出端进行不同数制的转换。

1. 二进制数转换为十进制数

转换原则：按权展开相加。前面在讲数制时，已经举例说明了此方法，这里不再赘述。

2. 十进制数转换为二进制数

把十进制数转换成二进制数常采用基数乘除法。下面分别就整数部分和小数部分的转换加以说明。

（1）整数转换。整数转换采用基数连除法。把十进制整数 N 转换成二进制数的步骤如下：

① 将数 N 除以 2，记下所得的商和余数。

② 将上一步所得的商再除以 2，记下所得商和余数。

③ 重复做上一步，直到商为 0。

④ 将各步骤中求得的余数按照与运算过程相反的顺序从下向上排列起来，即为所求二进制数的整数部分。

【例 1-1】 $(234)_{10} = (?)_2$

解：　　　　　　　　　　　　　余数

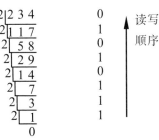

所以，$(234)_{10} = (11101010)_2$

（2）纯小数转换。纯小数转换采用基数连乘法。把十进制的纯小数 M 转换成二进制数的步骤如下：

① 将 M 乘以 2，记下整数部分。

② 将上一步乘积中的小数部分再乘以 2，记下整数部分。

③ 重复做上一步，直到小数部分为 0 或者满足精度要求为止。

④ 将各步骤中求得的整数按照与运算过程相同的顺序从上向下排列起来，即为所求二进制数的小数部分。

【例1-2】$(0.6875)_{10} = (?)_2$

解：　　　　　　　　整数

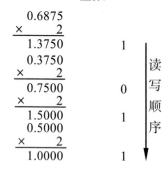

$$
\begin{array}{r}
0.6875 \\
\times \quad 2 \\
\hline
1.3750 \\
0.3750 \\
\times \quad 2 \\
\hline
0.7500 \\
\times \quad 2 \\
\hline
1.5000 \\
0.5000 \\
\times \quad 2 \\
\hline
1.0000
\end{array}
$$

所以，$(0.6875)_{10} = (0.1011)_2$

注意： 小数转换不一定能算尽，只能算到一定精度的位数为止，故要产生一些误差。

如果一个十进制数既有整数部分又有小数部分，可将整数部分和小数部分分别按要求进行等值转换，然后合并就可得到结果，这种方法称作基数乘除法。

【例1-3】$(11.375)_{10} = (?)_2$

解：　　　余数　　　　　　　　　　　　整数

$$
\begin{array}{r}
2\underline{|11} \quad\quad 1 \\
2\underline{|5} \quad\quad 1 \\
2\underline{|2} \quad\quad 0 \\
2\underline{|1} \quad\quad 1 \\
0
\end{array}
\qquad
\begin{array}{r}
0.375 \\
\times \quad 2 \\
\hline
0.750 \quad\quad 0 \\
\times \quad 2 \\
\hline
1.500 \quad\quad 1 \\
0.500 \\
\times \quad 2 \\
\hline
1.000 \quad\quad 1
\end{array}
$$

所以，$(11.375)_{10} = (1011.011)_2$

3. 二进制数转换成八进制数或十六进制数

二进制数转换成八进制数（或十六进制数）时，其整数部分和小数部分可以同时进行转换。其方法是：以二进制数的小数点为起点，分别向左、向右，每三位（或四位）分一组。对于小数部分，最低位一组不足三位（或四位）时，必须在有效位右边补0，使其足位；对于整数部分，最高位一组不足位时，可在有效位的左边补0，也可不补。然后，把每一组二进制数转换成八进制（或十六进制）数，并保持原排序。

【例1-4】$(1011011111.10011)_2 = (?)_8 = (?)_{16}$

解：$(\underline{001}\ \underline{011}\ \underline{011}\ \underline{111}.\underline{100}\ \underline{110})_2 = (1337.46)_8$

　　$(\underline{0010}\ \underline{1101}\ \underline{1111}.\underline{1001}\ \underline{1000})_2 = (2DF.98)_{16}$

4. 八进制数或十六进制数转换成二进制数

八进制（或十六进制）数转换成二进制数时，只要把八进制（或十六进制）数的每一位数码分别转换成三位（或四位）的二进制数，并保持原有排序即可。整数最高位一组左边的0和小数最低位一组右边的0，可以省略。

【例1-5】$(36.24)_8 = (?)_2$

解: $(36.24)_8 = (\underline{011}\ \underline{110}.\underline{010}\ \underline{100})_2 = (11110.0101)_2$

                3   6.2   4

【例 1-6】 $(3DB.46)_{16} = (?)_2$

解: $(3DB.46)_{16} = (\underline{0011}\ \underline{1101}\ \underline{1011}.\underline{0100}\ \underline{0110})_2 = (1111011011.0100011)_2$

              3   D   B . 4   6

由上可见，对于几种常用进制数的转换，非十进制数转换成十进制数可采用按权展开法；十进制数转换成二进制数时可采用基数乘除法，即整数采用连续"除 2 取余"，小数转换采用连续"乘 2 取整"；二进制数与八进制数、十六进制数转换时可采用分组转换的方法。

5. 二进制移位

二进制数移位可分为左移和右移。左移时，若低位移进位为 0，相当于该二进制数乘 2；右移时，若高位移进位为 0，移出位作废，相当于该二进制数除以 2。

例如，1010B 左移后变为 10100B，10100B = 1010B×2；1010B 右移后变为 0101B，0101B = 1010B/2。

1.1.3 代 码

不同的数码不仅可以表示数量的不同大小，而且还能表示不同的事物。前面我们讨论的二进制数就是用多位"0-1"序列表示数的大小，而"0-1"序列也可作为"二元符号"来表示十进制数码、英文字母或其他符号，此时的 0、1 已没有数量大小的含义，只是表示不同事物的符号而已。如键盘上的"Enter"键在计算机中用七位"0-1"序列 0001101 来表示。通常我们把这种代表一定意义的二元符号组称为代码。下面介绍一下最常用的几种代码。

1. 自然二进制码

自然二进制码的形式与二进制数相同，但它已经没有数的大小概念，如 4 位自然二进制码只是作为代表"0~15"的 16 个 4 位二进制符号而已。

2. 二-十进制码（BCD 码）

二-十进制码是用二进制码元来表示十进制数符"0~9"的代码，简称 BCD（Binary Coded Decimal）码。用二进制码元来表示"0~9"这 10 个数符，必须用 4 位二进制码元来表示，而 4 位二进制码元共有 16 种组合，从中取出 10 种组合来表示"0~9"的编码方案有很多种，几种常用的 BCD 码如表 1.1 所示。若某种代码的每一位都有固定的"权值"，则称这种代码为有权码；否则叫无权码。最常用的有权码和无权码分别是 8421BCD 码和余 3BCD 码。8421BCD 码各位的权值分别为 8、4、2、1；余 3 码是 8421BCD 码的每个码组加 0011 形成的，余 3 码各位无固定权值，故属于无权码。大家可以用二-十进制码（BCD 码）来表示十进制数。

表 1.1   几种常用的 BCD 码

十进制数	8421 码	5421 码	2421 码	余 3 码	BCD Gray 码
0	0000	0000	0000	0011	0000
1	0001	0001	0001	0100	0001
2	0010	0010	0010	0101	0011
3	0011	0011	0011	0110	0010
4	0100	0100	0100	0111	0110
5	0101	1000	1011	1000	0111
6	0110	1001	1100	1001	0101
7	0111	1010	1101	1010	0100
8	1000	1011	1110	1011	1100
9	1001	1100	1111	1100	1000

【例 1-7】$(246.1)_{10} = （？）_{8421BCD}$

解：$(246.1)_{10} = （ 0100\ 0100\ 0110.0001 ）_{8421BCD}$

在这里，要注意每一位十进制数必须与 4 位 BCD 码对应，即便是整数的最高位或小数的最低位为 "0" 也不能省略，这与二进制数变十六进制数时是不同的。同时，如果用 BCD 码来表示非十进制数，必须先将非十进制数转换成十进制数，再求其对应的 BCD 码。

【例 1-8】$(10000100.1100)_{余3BCD} = （？）_{8421BCD}$

解：$(01001000.1011)_{余3BCD} = (51.9)_{10} = (01010001.1001)_{8421BCD}$

两种 BCD 码相互转换时，通常将一种 BCD 码先转换成十进制数。

3. ASCII 码

除了上面介绍的代码以外，还有另一大类的信息传输代码，最典型的就是美国国家信息交换标准代码 ASCII 码。它用七位二进制码来表示某些数字、英文字母、数学符号和某些图形。

例如，数字 "0~9" 的 ASCII 代码是 30H~39H；大写英文字母 A ~ Z 的 ASCII 代码是 41H~5AH；小写英文字母 a ~ z 的 ASCII 代码是 61H~7AH；"？" 的 ASCII 码是 3FH；"%" 的 ASCII 码是 25H，等等。

1.2   逻 辑 代 数

逻辑代数又称为布尔代数或开关代数，它是研究开关理论和分析、设计数字逻辑电路的数学基础。

1.2.1   逻辑变量与逻辑函数

逻辑代数中的变量称为逻辑变量，常用英文大写字母 A、B、C 等表示。逻辑变量只有 "0" 与 "1" 两种可能的取值，它们没有 "大小" 的含义，也无 "数量" 的概念，分别代表两种对立的状态，比如开关器件的通断、信号的有无、电平的高低以及事件的真假等。当两个二进制数码表示不同的逻辑状态时，它们之间可以按照指定的某种因果关系进行推理运算，我们将这种运算称为逻辑运算。逻辑运算是逻辑思维和逻辑推理的数学描述。

在数字电路中，我们约定：用"1"表示高电平，"0"表示低电平，叫做"正逻辑"；而用"0"表示高电平，"1"表示低电平，叫做"负逻辑"。在以后的讨论中，如无特殊说明都是针对正逻辑而言。

1.2.2 基本逻辑关系

逻辑代数中有与（AND）、或（OR）、非（NOT）三种基本逻辑运算，它们是所有逻辑运算的基础。

1. 与逻辑运算（逻辑乘）

决定某一事件的所有条件同时成立，该事件才发生，这种因果关系叫"与"逻辑，也叫与运算或逻辑乘。

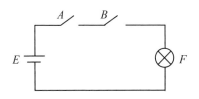

图 1.1　与逻辑电路示意图

表 1.2　与逻辑的真值表

A	B	F
0	0	0
0	1	0
1	0	0
1	1	1

例如，如图 1.1 所示电路中的 A、B 为开关，用来控制灯 F 的亮与灭，如果把开关"闭合"状态记作"1"，开关"断开"状态记作"0"，而把灯"亮"状态记作"1"，灯"灭"状态记作"0"，那么灯的状态与开关的状态之间的关系有四种可能的情况出现，如表 1.2 所示。这种表称为真值表。所谓真值表，就是将输入变量的所有可能的取值组合所对应的输出变量的值一一列出来的表格。它是描述逻辑功能的一种重要形式。

"与"逻辑除了用表格形式表示外，还可以用表达式把 F 与 A、B 之间的关系表示为

$$F = A \cdot B$$

这种表示形式称为逻辑函数式。它也是描述逻辑功能的一种重要形式。此式中的"$A \cdot B$"读作"A 与 B"或"A 逻辑乘 B"；式中的"$\cdot$"是与运算符，通常可省略，即 $A \cdot B = AB$。

实现"与运算"的电路叫做与门，其逻辑符号如图 1.2 所示。

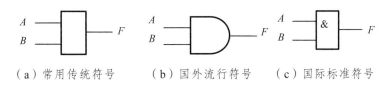

（a）常用传统符号　　　（b）国外流行符号　　　（c）国际标准符号

图 1.2　与门的逻辑符号

由表 1.2 可知，逻辑乘的基本运算规则为

$0 \cdot 0 = 0$ $0 \cdot 1 = 0$ $1 \cdot 0 = 0$ $1 \cdot 1 = 1$

$$0 \cdot A = 0 \qquad 1 \cdot A = A \qquad A \cdot A = A$$

2. 或逻辑运算（逻辑加）

决定某一事件的所有条件中，只要有一个成立，则该事件就发生，这种因果关系叫"或"逻辑，也叫或运算或逻辑加。

例如，如图 1.3 所示电路中的 A、B 为开关，用来控制灯 F 的亮与灭，若约定逻辑假设不变，那么灯的状态与开关的状态之间的关系有四种可能的情况出现，如表 1.3 所示。

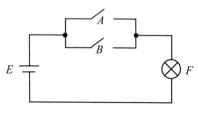

图 1.3　或逻辑电路示意图

表 1.3　或逻辑的真值表

A	B	F
0	0	0
0	1	1
1	0	1
1	1	1

"或"逻辑除了用表格形式表示外，还可以用表达式把 F 与 A、B 之间的关系表示为

$$F = A + B$$

此式中的"$A + B$"读作"A 或 B"或"A 逻辑加 B"；式中的"$+$"是或运算符。

实现"或运算"的电路叫或门，其逻辑符号如图 1.4 所示。

由表 1.3 可知，逻辑加的基本运算规则为

$$0 + 0 = 0 \qquad 0 + 1 = 1 \qquad 1 + 0 = 1 \qquad 1 + 1 = 1$$

$$0 + A = A \qquad 1 + A = 1 \qquad A + A = A$$

（a）常用传统符号（b）国外流行符号（c）国际标准符号

图 1.4　或门的逻辑符号

3. 非逻辑运算（逻辑反）

若前提条件为"真"，则结论为"假"；若前提条件为"假"，则结论为"真"。即结论是对前提条件的否定，这种因果关系叫做"非"逻辑，也叫非运算或逻辑反。

例如，如图 1.5 所示电路中的 A 为开关，用来控制灯 F 的亮与灭，若约定逻辑假设不变，那么灯的状态与开关的状态之间的关系有两种可能的情况出现，如表 1.4 所示。

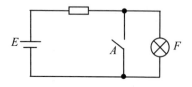

图 1.5　非逻辑电路示意图

表 1.4　非逻辑的真值表

A	F
0	1
1	0

"非"逻辑除了用表格形式表示外，也可以用逻辑函数式的形式把 F 与 A 之间的关系表示为

$$F = \overline{A}$$

此式中的"$\overline{A}$"读作"A 非"；式中的"－"表示非运算符。

由表 1.4 可知，非逻辑的基本运算规则为

$$\overline{0} = 1 \qquad\qquad \overline{1} = 0$$

实现"非运算"的电路叫非门，其逻辑符号如图 1.6 所示。

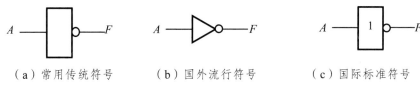

（a）常用传统符号　　（b）国外流行符号　　（c）国际标准符号

图 1.6　非门的逻辑符号

4．"与非"逻辑运算

"与非"逻辑运算是"与"逻辑和"非"逻辑的组合。先"与"再"非"，表达式为

$$F = \overline{A \cdot B}$$

实现"与非"逻辑运算的电路叫"与非门"。其逻辑符号如图 1.7 所示。

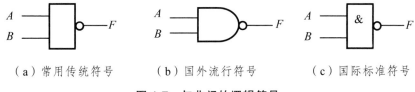

（a）常用传统符号　　（b）国外流行符号　　（c）国际标准符号

图 1.7　与非门的逻辑符号

5．"或非"逻辑运算

"或非"逻辑运算是"或"逻辑和"非"逻辑的组合。先"或"后"非"，其表达式为

$$F = \overline{A + B}$$

实现"或非"逻辑运算的电路叫"或非门"。其逻辑符号如图 1.8 所示。

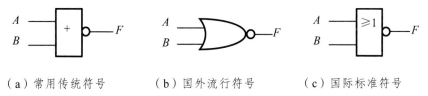

（a）常用传统符号　　（b）国外流行符号　　（c）国际标准符号

图 1.8　或非门的逻辑符号

6. "与或非" 逻辑运算

"与或非" 逻辑运算是 "与"、"或"、"非" 三种基本逻辑的组合。先 "与" 再 "或" 最后 "非"。其表达式为

$$F = \overline{AB + CD}$$

实现 "与或非" 逻辑运算的电路叫做 "与或非门"。其逻辑符号如图 1.9 所示。

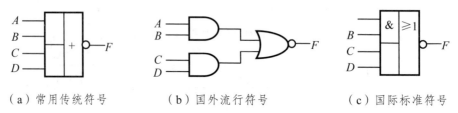

　（a）常用传统符号　　　　　（b）国外流行符号　　　　　（c）国际标准符号

图 1.9　与或非门的逻辑符号

7. "异或" 逻辑运算和 "同或" 逻辑运算

若两个输入变量 A、B 的取值相异，则输出变量 F 为 1；若 A、B 的取值相同，则 F 为 0。这种逻辑关系叫 "异或" 逻辑，其逻辑表达式为

$$F = A \oplus B = \overline{A}B + A\overline{B}$$

式中的 "$A \oplus B$" 读作 "A 异或 B"。实现 "异或" 运算的电路叫 "异或门"。其逻辑符号如图 1.10（a）、（b）、（c）所示。

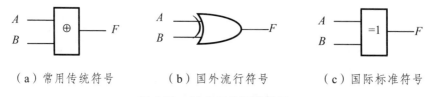

　（a）常用传统符号　　　　　（b）国外流行符号　　　　　（c）国际标准符号

图 1.10　异或门的逻辑符号

若两个输入变量 A、B 的取值相同，则输出变量 F 为 1；若 A、B 的取值相异，则 F 为 0。这种逻辑关系叫 "同或" 逻辑，其逻辑表达式为

$$F = A \odot B = \overline{A}\,\overline{B} + AB$$

式中的 "$A \odot B$" 读作 "A 同或 B"。实现 "同或" 运算的电路叫 "同或门"。其逻辑符号如图 1.11 所示。

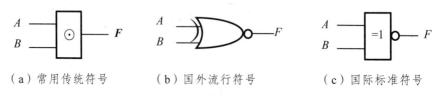

　（a）常用传统符号　　　　　（b）国外流行符号　　　　　（c）国际标准符号

图 1.11　同或门的逻辑符号

两变量的"异或"及"同或"逻辑的真值表如表 1.5 所示。

对于两个逻辑函数 F_1 和 F_2,若输入变量的所有取值组合,函数 F_1 和 F_2 的取值总是相反,则称 F_1 和 F_2 互为反函数。记作

$$F_1 = \overline{F_2} \text{ 或} F_2 = \overline{F_1}$$

由表 1.5 可知,两变量的"异或逻辑"和"同或逻辑"互为反函数。即

$$A \odot B = \overline{A \oplus B}$$

由后面介绍的对偶定理可知,$A \oplus B$ 和 $A \odot B$ 还互为对偶式。

表 1.5 异或逻辑和同或逻辑的真值表

A	B	$F_{异}$		A	B	$F_{同}$
0	0	0		0	0	1
0	1	1		0	1	0
1	0	1		1	0	0
1	1	0		1	1	1

在实际应用中,常利用异或门(或同或门)来控制信号的传送。如将信号接到 A 端,B 作为控制端,当 $B = 0$ 时,$F = A$,信号可以直接传送;当 $B = 1$ 时,$F = \overline{A}$,信号取反传送,相当于非门的功能。

1.2.3 基本公式、定理和常用规则

前面已经介绍了基本逻辑运算和常用逻辑运算。英国数学家布尔首先提出的布尔代数被广泛应用于解决开关电路和数字逻辑电路的分析与设计中,因此也将布尔代数称为开关代数或逻辑代数。下面就介绍逻辑代数中常用的基本公式和定理。

1. 基本公式

逻辑代数的基本公式是由若干常量、变量和与、或、非三种基本运算组成的逻辑等式,也称为布尔恒等式。逻辑代数的运算服从如表 1.6 所示的基本公式。

表 1.6 逻辑代数的基本公式

公式名称	公	式
1. 0—1 律	$A \cdot 0 = 0$	$A + 1 = 1$
2. 自等律	$A \cdot 1 = A$	$A + 0 = A$
3. 互补律	$A \cdot \overline{A} = 0$	$A + \overline{A} = 1$
4. 重叠律	$A \cdot A = A$	$A + A = A$
5. 交换律	$A \cdot B = B \cdot A$	$A + B = B + A$

续表 1.6

公式名称	公	式
6. 结合律	$A \cdot (B \cdot C) = (A \cdot B) \cdot C$	$A + (B + C) = (A + B) + C$
7. 分配律	$A \cdot (B + C) = A \cdot B + A \cdot C$	$A + B \cdot C = (A + B) \cdot (A + C)$
8. 吸收律 1	$(A + B) \cdot (A + \overline{B}) = A$	$A \cdot B + A \cdot \overline{B} = A$
9. 吸收律 2	$A \cdot (A + B) = A$	$A + A \cdot B = A$
10. 吸收律 3	$A \cdot (\overline{A} + B) = A \cdot B$	$A + \overline{A} \cdot B = A + B$
11. 多余项定理	$(A + B)(\overline{A} + C)(B + C) = (A + B)(\overline{A} + C)$	$A \cdot B + \overline{A} \cdot C + B \cdot C = A \cdot B + \overline{A} \cdot C$
12. 反演律	$\overline{A \cdot B} = \overline{A} + \overline{B}$	$\overline{A + B} = \overline{A} \cdot \overline{B}$
13. 非非律	$\overline{\overline{A}} = A$	$\overline{\overline{A}} = A$

我们可以用前面 1.2.2 节所讲的 7 组公式证明吸收律 1、2、3 及多余项定理；用列真值表的方法证明反演律。

【证明 1】证明吸收律 1　$A + A \cdot B = A$。

证明：　　原等式的左边 $= AB + A\overline{B} = A(B + \overline{B})$

$$= A = 右边$$

故原等式成立。

【证明 2】证明吸收律 3　$A + \overline{A} \cdot B = A + B$。

证明：原等式的左边 $= A + \overline{A}B = (A + \overline{A})(A + B)$

$$= A + B = 右边$$

故原等式成立。

【证明 3】证明多余项定律公式　$AB + \overline{A}C + BC = AB + \overline{A}C$

证明：原等式的左边 $= AB + \overline{A}C + BC$

$$= AB + \overline{A}C + (\overline{A} + A)BC$$

$$= AB + \overline{A}C + \overline{A}BC + ABC$$

$$= AB(1 + C) + \overline{A}C(1 + B)$$

$$= AB + \overline{A}C = 右边$$

故原等式成立。

以上证明等式的方法都是利用公式来证明的，这种方法称为公式证明法。大家还可以用真值表法来证明等式，其方法为：若等式两端函数的真值表完全相同，则等式成立。

【证明 4】用真值表法证明反演律　$\overline{A + B} = \overline{A} \cdot \overline{B}$。

证明：先画等式两边函数的真值表如表 1.7 所示。因为输入变量均为 AB，所以可将两个函数的真值表合二为一。

表 1.7 证明反演律的真值表

$A\ \ B$	$\overline{A+B}$	$\overline{A}\cdot\overline{B}$
0 0	1	0
0 1	0	0
1 0	0	0
1 1	0	0

由表 1.7 可见，等式两边函数的真值表相同，故原等式成立。

2. 基本定理和规则

逻辑代数中有三个重要的基本定理，它们是代入定理、对偶定理和反演定理。

（1）代入定理。

逻辑等式中的任何变量 A，都可用另一变量或函数 F 代替，等式仍然成立。

代入定理可以扩大基本公式的应用范围。

【例 1-9】证明 $\overline{A+B+C}=\overline{A}\cdot\overline{B}\cdot\overline{C}$

证明：若将等式 $\overline{A+B}=\overline{A}\cdot\overline{B}$ 两边的 B 用 $B+C$ 代入便得到

$$\overline{A+B+C}=\overline{A}\cdot\overline{B+C}=\overline{A}\cdot\overline{B}\cdot\overline{C}$$

这样就得到三变量的反演律，也称作摩根定律。

同理可将摩根定律推广到 n 变量：

$$\overline{A_1+A_2+\cdots+A_n}=\overline{A_1}\cdot\overline{A_2}\cdots\overline{A_n}$$

$$\overline{A_1\cdot A_2\cdots A_n}=\overline{A_1}+\overline{A_2}+\cdots+\overline{A_n}$$

（2）对偶定理。

在介绍对偶定理前，先介绍一下求对偶式的方法。对于任何一个逻辑表达式 F，如果将其中的"$+$"换成"$\cdot$"、"$\cdot$"换成"$+$"、"1"换成"0"、"0"换成"1"，变量不变，并保持原有逻辑优先级关系，则可得原函数 F 的对偶式 G，且 F 和 G 互为对偶式，常用 F_d 或 F 来表示。

对偶定理是指如果两个函数表达式相等，那么它们的对偶式也一定相等。这样，我们只需记忆表 1.6 中基本公式的一半即可，另一半按对偶定理即可求出。需要注意的是，在求对偶式时，为保持函数表达式的原有逻辑优先级关系，应正确使用括号，否则就要发生错误。如：$AB+\overline{A}C$，其对偶式为：$(A+B)\cdot(\overline{A}+C)$。如不加括号，就变成：$A+B\overline{A}+C$，显然是错误的。

（3）反演定理。

由原函数求反函数，称为反演或求反。对于任何一个逻辑表达式 F，将原函数 F 中的"$\cdot$"换成"$+$"、"$+$"换成"$\cdot$"、"1"换成"0"、"0"换成"1"，原变量换成反变量，反变量换成原变量，两个或两个以上变量的非号不变，即可得反函数 $\overline{F}$。需要注意的是，与求对偶式一样，为保持函数表达式的原有逻辑优先级关系，应正确使用括号，否则就要发生错误。

【例 1-10】求 $F=A+\overline{B\cdot\overline{C}}+D+\overline{\overline{E}}$ 的对偶式 F' 和反函数 $\overline{F}$。

解：

$$F'=A\cdot\overline{(B+\overline{C})}\cdot\overline{D\cdot\overline{\overline{E}}}$$

$$\overline{F} = \overline{A} \cdot \overline{\overline{(B \cdot C)}} \cdot \overline{\overline{\overline{D \cdot E}}}$$

1.3 逻辑函数的表示方法

一个结论成立与否，取决于与其相关的前提条件是否成立。结论与前提条件之间的因果关系称为逻辑函数。通常记作：

$$F = f\ (A,\ B,\ C,\ \cdots)$$

逻辑函数 F 也是一个逻辑变量，叫做因变量或输出变量，也只有"1"和"0"两种取值，相应地把 A、B、C…，叫做自变量或输入变量。从形式上讲，逻辑函数与普通函数没有什么区别；但从内容上看，两者还是有显著区别的。常用的逻辑函数表示方法有真值表、逻辑函数式、逻辑电路图、波形图（时序图）和卡诺图等，而且它们之间是可以相互转换的。前三种方法在第 1.2 节中都曾涉及，本节我们将通过实例来系统说明前四种方法及其相互之间的转换。用卡诺图表示函数的方法将在 1.4 节中作专门介绍。

1.3.1 逻辑函数的几种表示方法

1. 真值表

通过 1.2 节基本逻辑函数的介绍我们知道，将输入变量所有的取值下对应的输出值找出来，列出表格，即可得到真值表。n 个输入变量最多有 2^n 个状态组合。一个确定的逻辑函数只有一个逻辑真值表，即真值表具有唯一性。如图 1.12 所示的举重裁判问题，比赛规则规定，在一名主裁判和两名副裁判中，必须有两人以上（而且必须包括主裁判）认定运动员动作合格，试举才算成功。比赛时主裁判掌握着开关 A，两名副裁判掌握着开关 B 和 C。当运动员举起杠铃时，裁判认定动作合格了就合上开关，否则不合。显然，指示灯 F 的状态（亮与暗）是开关 A、B、C 状态（闭合与断开）的函数。根据此函数关系 A、B、C 作为输入变量，F 作为输出变量，规定开关"闭合"为"1"、"断开"为"0"；灯"亮"为"1"、"暗"为"0"，即只有当 A 为 1 时，且 B 和 C 中至少有一个为 1 时，F 才为 1，于是可列出举重裁判问题的真值表如表 1.8 所示。

表 1.8 举重裁判问题的真值表

A	B	C	F
0	0	0	0
0	0	1	0
0	1	0	0
0	1	1	0
1	0	0	0
1	0	1	1
1	1	0	1
1	1	1	1

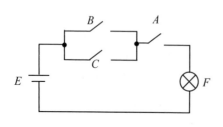

图 1.12 举重裁判电路示意图

2. 函数表达式描述法

把输出与输入之间的逻辑关系写成与、或、非等运算的组合式，即逻辑代数式，就得到了所需的逻辑函数表达式。对于上述举重裁判问题，根据对电路功能的要求和与、或逻辑的定义，"B 和 C 中至少一个合上"可以表示为$(B + C)$，"同时还要求合上 A"，则应写作 $A \cdot (B + C)$，因此得到的输出的逻辑函数表达式为

$$F = A \cdot (B + C)$$

也可以从另一种角度来写输出逻辑表达式。从表 1.8 的真值表可知，只有 8 种状态组合中最后 3 种状态组合才能使 $F = 1$（运动员试举成功），即 A 和 C 都同意，或 A 和 B 都同意，或 ABC 全部同意这三种条件。显然，三种条件之间为"或逻辑"的关系，而每一种条件的变量之间为"与逻辑"关系。因此，可得到输出的逻辑函数表达式为

$$F = AC + AB + ABC = AC + AB$$

可见，上面三个代数式都描述了举重裁判问题的逻辑关系。一般而言，同一逻辑函数可以有多种形式的逻辑函数表达式，即逻辑函数表达式不具有唯一性。

3. 逻辑电路图

将逻辑函数中各变量之间的与、或、非等逻辑函数关系用图形符号表示出来，就可以画出表示函数关系的逻辑电路图，简称逻辑图。对于上述举重裁判问题的逻辑图如图 1.13（a）、（b）所示。

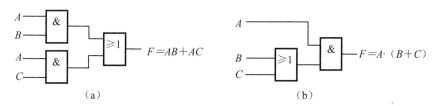

图 1.13　举重裁判的逻辑电路图

可见，两个逻辑图都描述了举重裁判问题的逻辑关系。由于逻辑函数表达式和逻辑图是一一对应的，因此逻辑图也不具有唯一性。

4. 波形图

波形图是反映输入和输出波形变化规律的图形，也称时序图。对于上述举重裁判问题，若将真值表中的"1"用高电平表示，"0"用低电平表示，图 1.14 就是举重裁判问题的波形图。因为对同一逻辑函数用真值表描述是唯一的，所以用波形图描述也是唯一的。

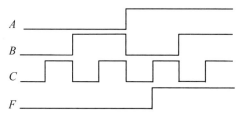

图 1.14　举重裁判的逻辑电路的波形图

1.3.2 逻辑函数的几种表示方法的相互转换

1. 真值表与波形图的转换

如上面讲的波形图描述法描述逻辑函数一样，只需将真值表中输入和输出变量的"1"用高电平表示，"0"用低电平表示，就可以得到对应的波形图；而反过来，由波形图转换为真值表的方法是：将波形图分清输入和输出变量，把高电平转换成"1"，低电平转换成"0"，即可得到逻辑函数相应的真值表。

2. 函数表达式与逻辑电路图的转换

如上面讲的逻辑电路图描述法描述逻辑函数一样，只需将函数表达式中的与、或、非等逻辑函数关系用各种逻辑门符号表示出来，就可以得到对应的逻辑电路图；而反过来，由逻辑电路图转换为逻辑表达式的方法是：从逻辑电路的输入端到输出端，逐级写出各级门电路的输出表达式，就可以在输出端得到表示输入和输出变量之间关系的函数表达式。

3. 函数表达式与真值表的转换

（1）由逻辑函数表达式列真值表。

由逻辑函数表达式列真值表的方法是：根据给出的逻辑函数表达式确定输入和输出变量数，列出真值表输入变量的所有组合；然后将输入变量的每一种组合代入所给出的逻辑函数表达式确定输出变量的值，就可以得到逻辑函数表达式所对应的真值表。

例如，列出 $Y=(A+B)\cdot\overline{A\cdot B}$ 的真值表。因为有两个输入变量 A 和 B，应列 4 种组合的真值表；再将 A 和 B 的 4 种组合代入函数表达式 Y，即可得 Y 的真值表，如表 1.9 所示。

表 1.9 $Y=(A+B)\cdot\overline{A\cdot B}$ 的真值表

A B	$A+B$	$\overline{A\cdot B}$	Y
0 0	0	1	0
0 1	1	1	1
1 0	1	1	1
1 1	1	0	0

（2）由真值表写逻辑函数表达式。

由逻辑函数的真值表一般不容易写出普通函数表达式，但较为方便得到一种特殊的函数表达式——最小项之和表达式，其中所涉及最小项的概念，请看下节。

1.4 逻辑函数的化简

逻辑函数的常用化简方法有两种：一种是代数化简法，就是利用代数公式和定理进行化简；另一种是卡诺图化简法。

逻辑函数化简成为最简式并没有一个严格的标准，逻辑函数"最简"的标准与函数本身的类型有关。类型不同，"最简"的标准也有所不同。这里以最常用的与或表达式为例来介绍

"最简"标准。"最简"标准通常遵循以下两条：

（1）逻辑函数的与项最少，即对应逻辑电路所用的逻辑门的个数最少；

（2）在项数最少的条件下，每个与项中的变量最少，即对应逻辑电路中门的输入端最少。

1.4.1 逻辑函数的标准与或式

1. 最小项定义

最小项：对于一个给定变量数目的逻辑函数，所有变量相"与"的乘积项叫做最小项。在一个最小项中，每个变量只能以原变量或反变量的形式出现一次。

例如，以三变量函数为例，三个变量 ABC 有 8（2^3）个最小项：

$$\overline{A}\,\overline{B}\,\overline{C}、\overline{A}\,\overline{B}C、\overline{A}B\overline{C}、\overline{A}BC、A\overline{B}\,\overline{C}、A\overline{B}C、AB\overline{C}、ABC$$

依此类推，四个变量 A、B、C、D 共有 $2^4 = 16$ 个最小项，n 变量共有 2^n 个最小项。

输入变量的每一组取值都使一个对应的最小项的值等于 1。例如在三变量 A、B、C 的最小项中，当 $A = 1$、$B = 0$、$C = 1$ 时，$A\overline{B}C = 1$。如果把 $A\overline{B}C$ 的取值 101 看作一个二进制数，那么它表示的十进制数就是 5。为了以后使用方便，将 $A\overline{B}C$ 这个最小项记作 m_5，称作最小项的缩略形式。按照这一约定，就得到了三变量最小项的编号表，如表 1.10 所示。

表 1.10　三变量最小项的编号表

序号	A B C	最小项的名称	编号
0	0　0　0	$\overline{A}\cdot\overline{B}\cdot\overline{C}$	m_0
1	0　0　1	$\overline{A}\cdot\overline{B}\cdot C$	m_1
2	0　1　0	$\overline{A}\cdot B\cdot\overline{C}$	m_2
3	0　1　1	$\overline{A}\cdot B\cdot C$	m_3
4	1　0　0	$A\cdot\overline{B}\cdot\overline{C}$	m_4
5	1　0　1	$A\cdot\overline{B}\cdot C$	m_5
6	1　1　0	$A\cdot B\cdot\overline{C}$	m_6
7	1　1　1	$A\cdot B\cdot C$	m_7

2. 最小项的性质

（1）对任何变量的函数式来讲，全部最小项之和为 1，即

$$\sum_{i=0}^{2^n-1} m_i = 1$$

（2）在输入变量的任何取值下必有一个最小项且仅有一个最小项的值为 1。

（3）两个不同最小项之积为 0，即 $m_i \cdot m_j = 0$（$i \neq j$）

（4）n 变量有 2^n 个最小项，且对每一最小项而言，有 n 个最小项与之相邻；具有相邻性

的两个最小项之和可以合并成一项并消去一对因子。

若两个最小项只有一个因子不同，则称这两个最小项具有逻辑相邻性，简称相邻。如 m_0 与 $\overline{A} \cdot \overline{B} \cdot C$，且它们可以合并成一项，即 $\overline{ABC} + \overline{A}\overline{B}C = \overline{AB}$。

3. 最小项之和表达式（标准与或式）

最小项之和表达式：全部与项都是由最小项组成的"与或"表达式，就是最小项之和表达式，也叫与或标准式。它是一种特殊的逻辑函数表达式的形式，每一个逻辑函数都只有一个唯一的最小项之和表达式。例如

$$F = \overline{A}B\overline{C} + A\overline{B}\overline{C} + A\overline{B}C + ABC$$

$$= \sum\nolimits_{m}(2,4,5,7)$$

其中，第一行是最小项之和表达式的变量形式，第二行是最小项之和表达式的缩写形式。

4. 由逻辑函数表达式求最小项之和表达式（标准与或式）

（1）代数法。

由逻辑函数表达式求最小项之和表达式的方法是：首先将逻辑函数表达式化成与或式，然后对逻辑函数的与或式采用添项法，将每一个与项都化成最小项的形式，然后相加即可得到 F 的最小项之和表达式。例如

$$F = \overline{ABC} + BC + A\overline{C}$$

由上式可看出，逻辑函数表达式 F 有 3 个输入变量 A、B、C，其中第二项缺少变量 A，第三项缺少变量 B，我们可以分别用 $(\overline{A} + A)$ 和 $(\overline{B} + B)$ 乘第二项和第三项，其逻辑功能不变，再利用分配律展开相加，则得 F 的最小项之和表达式为

$$F = \overline{ABC} + BC(A + \overline{A}) + A\overline{C}(B + \overline{B})$$

$$= \overline{ABC} + ABC + \overline{A}BC + AB\overline{C} + A\overline{B}\overline{C}$$

$$= \sum\nolimits_{m}(0,3,4,6,7)$$

如果逻辑函数表达式不容易化成与或式的形式，或者当逻辑函数表达式中变量较多，如有 4 个变量，而乘积项中缺的变量也较多时，公式法比较麻烦，此时可以用真值表法。

（2）真值表法。

由逻辑函数真值表求最小项之和表达式的方法是：首先列出 F 的真值表，再将真值表中 $F = 1$ 的那些输入变量取值组合所对应的最小项相加，即可得到 F 的最小项之和表达式。

对于前例 $F = \overline{ABC} + BC + A\overline{C}$，我们首先列出其真值表，如表 1.11 所示。在其真值表中，使 $F = 1$ 的输入变量取值组合有 000、011、100、110、111 五组，相应的最小项为 $\overline{ABC}$、$\overline{A}BC$、$A\overline{BC}$、$AB\overline{C}$、ABC，将这些最小项相加即可得到 F 的最小项之和表达式为

$$F = \overline{ABC} + \overline{A}BC + A\overline{BC} + AB\overline{C} + ABC = \sum\nolimits_{m}(0,3,4,6,7)$$

表 1.11   逻辑函数 *F* 的真值表

A	B	C	F
0	0	0	1
0	0	1	0
0	1	0	0
0	1	1	1
1	0	0	1
1	0	1	0
1	1	0	1
1	1	1	0

由于逻辑函数的最小项表达式和真值表直接对应，因此与真值表一样，逻辑函数的最小项表达式也具有唯一性。

1.4.2 逻辑函数的代数法化简

表示逻辑函数关系的逻辑函数表达式不一定是最简表达式。例如，举重裁判问题中的输出表达式 $F = AC + AB + ABC$ 和 $F = AC + AB$，显然，$F = AC + AB$ 比 $F = AC + AB + ABC$ 简单，其逻辑图只需两个与门和一个或门，比 $F = AC + AB + ABC$ 对应的逻辑图少用一个与门。因此，逻辑函数的化简在中、小规模设计逻辑电路时显得十分重要，目的就是为了节省器件，降低系统的成本，提高电路的速度和可靠性。

在运用代数法化简时，常采用以下几种方法。

1. 并项法

利用 $A + \overline{A} = 1$，$AB + A\overline{B} = A$ 等式将两项合并为一项，并消去一个变量。

【例 1-11】 化简 $F = AB + CD + A\overline{B} + \overline{C}D$

解：原式 $= (AB + A\overline{B}) + (CD + \overline{C}D)$ （结合律）

$\qquad = A + D$ （吸收律 1 $A\overline{B} + AB = A$）

2. 吸收法

利用 $A + AB = A$，$A + \overline{A}B = A + B$ 吸收多余项。

【例 1-12】 化简 $F = \overline{B} + AB + A\overline{B}CD$

解：原式 $= \overline{B} + AB$ （吸收律 2 $A + AB = A$）

$\qquad = \overline{B} + A$ （吸收律 3 $A + \overline{A}B = A + B$）

3. 消去法

利用多余项定理 $AB + \overline{A}C = AB + \overline{A}C + BC$ 结合其他公式进行化简。

【例 1-13】 化简 $F = AB + \overline{A}CD + BCDE$

解：$F = AB + \overline{A}CD + BCDE + BCD$ （多余项定理 $AB + \overline{A}C = AB + \overline{A}C + BC$）

$\qquad = AB + \overline{A}CD + BCD$ （吸收律 2 $A + AB = A$）

$\qquad = AB + \overline{A}CD$ （多余项定理 $AB + \overline{A}C + BC = AB + \overline{A}C$）

【例 1-14】 $F = AC + \overline{A}D + \overline{B}D + B\overline{C}$

解： $F = AC + B\overline{C} + (\overline{A} + \overline{B})D$ （吸收律 1 $A\overline{B} + AB = A$ ）

$= AC + B\overline{C} + \overline{AB}D + AB$ （求反律 $\overline{AB} = \overline{A} + \overline{B}$ ）

$= AC + B\overline{C} + D + AB$ （吸收律 2 $A + \overline{A}B = B$ ）

$= AC + B\overline{C} + D$ （多余项定理 $AB + \overline{A}C + BC = AB + \overline{A}C$ ）

1.4.3 逻辑函数的卡诺图法化简

1. 卡诺图的概念和特点

卡诺图是描述逻辑函数的一种特殊的图形方式，其实质就是按逻辑相邻规律排列的最小项方块图。由于这种方块图是由美国一位叫卡诺（Karnaungh）的工程师首先提出的，因此把这种图形称为卡诺图。卡诺图不仅可以用来描述逻辑函数，更重要的是还可以用它来化简逻辑函数。

2. 变量卡诺图

卡诺图上每一个小方格代表一个最小项。由于 n 变量共有 2^n 个最小项，故 n 变量的卡诺图应包含 2^n 个小方格。为保证逻辑相邻关系，每相邻方格的变量取值必须是按格雷（循环）码，而不是用二进制码。正是由于卡诺图中的最小项具有逻辑相邻性，从而使得几何图上不相邻的最小项在逻辑上却相邻。图 1.15 中画出了 2 ~ 4 变量的卡诺图。

2 变量卡诺图：有 $2^2 = 4$ 个最小项，如图 1.15（a）所示。

3 变量卡诺图：有 $2^3 = 8$ 个最小项，如图 1.15（b）所示。

4 变量卡诺图：有 $2^4 = 16$ 个最小项，如图 1.15（c）所示。

A \ B	0	1
0	$\overline{A}\overline{B}$ m_0	$\overline{A}B$ m_1
1	$A\overline{B}$ m_2	AB m_3

（a）

A \ BC	00	01	11	10
0	$\overline{A}\overline{B}\overline{C}$ m_0	$\overline{A}\overline{B}C$ m_1	$\overline{A}BC$ m_3	$\overline{A}B\overline{C}$ m_2
1	$A\overline{B}\overline{C}$ m_4	$A\overline{B}C$ m_5	ABC m_7	$AB\overline{C}$ m_6

（b）

AB \ CD	00	01	11	10
00	$\overline{A}\overline{B}\overline{C}\overline{D}$ m_0	$\overline{A}\overline{B}\overline{C}D$ m_1	$\overline{A}\overline{B}CD$ m_3	$\overline{A}\overline{B}C\overline{D}$ m_2
01	$\overline{A}B\overline{C}\overline{D}$ m_4	$\overline{A}B\overline{C}D$ m_5	$\overline{A}BCD$ m_7	$\overline{A}BC\overline{D}$ m_6
11	$AB\overline{C}\overline{D}$ m_{12}	$AB\overline{C}D$ m_{13}	$ABCD$ m_{15}	$ABC\overline{D}$ m_{14}
10	$A\overline{B}\overline{C}\overline{D}$ m_8	$A\overline{B}\overline{C}D$ m_9	$A\overline{B}CD$ m_{11}	$A\overline{B}C\overline{D}$ m_{10}

（c）

图 1.15 2~4 变量卡诺图

3. 逻辑函数的卡诺图表示法

（1）由逻辑函数的真值表求逻辑函数的卡诺图。

如果已知逻辑函数的真值表，可先根据输入变量的数目画出函数对应的变量卡诺图，然后将真值表中的每个最小项对应的输出变量的取值为 0 或者 1 填入卡诺图中对应的小方格中即可。如某逻辑函数 F 的真值表如表 1.12 所示，因为该函数有 3 个输入变量，所以先画出 3 变量卡诺图，然后根据真值表将 8 个最小项对应的 F 值（0 或者 1）填入卡诺图中对应的 8 个小方格中，这样就得到该逻辑函数的函数卡诺图如图 1.16 所示。

表 1.12 逻辑函数 F 的真值表

$A\ \ B\ \ C$	F
0 0 0	0
0 0 1	0
0 1 0	0
0 1 1	1
1 0 0	0
1 0 1	1
1 1 0	1
1 1 1	1

A \ BC	00	01	11	10
0	0 m_0	0 m_1	1 m_3	0 m_2
1	0 m_4	1 m_5	1 m_7	1 m_6

图 1.16 表 1.12 对应的卡诺图

（2）由逻辑函数的表达式求逻辑函数的卡诺图。

如果能将逻辑函数式直接化成最小项表达式，则可在相应变量的卡诺图中方便地表示出这个函数。如 $F = ABC + AB\overline{C} + A\overline{B}C + \overline{A}\overline{B}C = m_1 + m_5 + m_6 + m_7$，则可在卡诺图中相应的方格中填上 1，其余填 0，这个函数可用卡诺图表示成图 1.17。

如果逻辑函数式不方便化成最小项表达式，也可直接用卡诺图表示。其方法是：将逻辑函数化成与或表达式的形式，每个与项中的原变量用“1”表示，反变量用“0”表示，再在卡诺图上找到对应这些变量取值在卡诺图中的小方格中并填入“1”,其余的小方格中填入“0”，也可不填。

A \ BC	00	01	11	10
0	0 m_0	1 m_1	0 m_3	0 m_2
1	0 m_4	1 m_5	1 m_7	1 m_6

图 1.17 $F = m_1 + m_5 + m_6 + m_7$ 的卡诺图

AB \ CD	00	01	11	10
00	0	1	1	0
01	1	1	1	0
11	1	0	1	1
10	1	1	1	1

图 1.18 例 1-15 的卡诺图

【例 1-15】 将 $F = \overline{A}D + A\overline{B} + AB\overline{D} + \overline{A}B\overline{C} + ABCD$ 用卡诺图表示。

解： 先画一个 4 变量的卡诺图，然后将逻辑函数表达式逐项填入卡诺图，可得其卡诺图如图 1.18 所示。

$\overline{A}D$：在 $A=0$，$D=1$ 对应的方格（不管 B，C 取值）填 1，即 m_1、m_3、m_5、m_7；

$A\overline{B}$：$A=1$，$B=0$ 所对应的方格中填 1，即 m_8、m_9、m_{10}、m_{11}；

$AB\overline{D}$：在 $A=B=1$，$D=0$ 对应方格中填 1，即 m_{12}、m_{14}；

$\overline{A}B\overline{C}$：在 $A=C=0$，$B=1$ 对应方格中填 1，即 m_4、m_5；

$ABCD$：即 m_{15}。

4. 相邻最小项合并规律

相邻最小项合并的依据是反复利用吸收律 1：$A\cdot B+A\cdot\overline{B}=A$，具体规律为：

（1）2 个相邻项可合并为 1 项，消去 1 个取值不同的变量，保留取值相同变量。

（2）4 个相邻项可合并为 1 项，消去 2 个取值不同的变量，保留取值相同变量。

（3）8 个相邻项可合并为 1 项，消去 3 个取值不同的变量，保留取值相同变量。

至此可以归纳出合并最小项的规律是：2^n 个最小项的相邻项合并，可以消去 n 个取值不同的变量，保留取值相同变量而合并为 1 项。相邻最小项合并规律如图 1.19（a）、（b）、（c）、（d）所示。

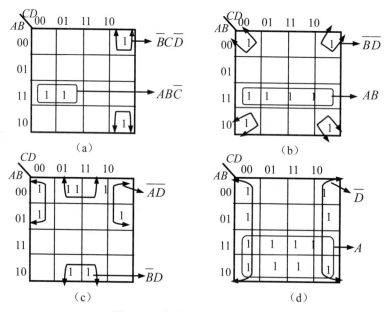

图 1.19　相邻最小项合并规律

5. 用卡诺图化简逻辑函数成为最简与或式

运用相邻最小项合并规律，在卡诺图上进行逻辑函数化简，即可得到最简与或表达式。可总结为"填"、"圈"、"写"和"画"四个字。其步骤如下：

（1）将原始函数用卡诺图表示。

（2）用卡诺图化简逻辑函数，就是在卡诺图中找相邻的最小项，即画圈。为了保证将逻辑函数化到最简，画圈时必须遵循以下原则：

① 根据最小项合并规律画卡诺圈，圈住全部"1"方格，即不能漏下取值为 1 的最小项。

② 圈要尽可能大，这样消去的变量就多。但每个圈内只能含有 2^n（$n = 0$、1、2、3⋯）个相邻项。要特别注意对边相邻性和四角相邻性。

③ 圈的个数尽量少，这样化简后的逻辑函数的与项就少。

④ 取值为 1 的方格可以被重复圈在不同的圈中，但在新画的圈中至少要含有 1 个末被圈过的"1"方格，否则该圈是多余的。

（3）将上述全部卡诺圈的结果"或"起来即得化简后的最简与或式。

（4）根据要求可由逻辑门电路组成逻辑电路图。

【例 1–16】化简 $F = AB\overline{D} + \overline{A}D + \overline{A}\,\overline{B}\,\overline{C} + AC\overline{D}$，并画出逻辑电路图。

解： 第一步：用卡诺图表示该逻辑函数，如图 1.20 所示。

$AB\overline{D}$：对应 m_{12}、m_{14}

$\overline{A}\,\overline{B}\,\overline{C}$：对应 m_4、m_5

$\overline{A}D$：对应 m_1、m_3、m_5、m_7

$AC\overline{D}$：对应 m_{10}、m_{14}

第二步：画卡诺圈圈住全部"1"方格。具体化简过程如图 1.20 所示。为便于检查，每个卡诺圈化简结果最好标注在卡诺图上。

第三步：组成新函数。每一个卡诺圈对应一个与项，然后再将各与项"或"起来得到新函数。故化简结果为

$$F = \overline{A}D + AC\overline{D} + B\overline{C}\overline{D}$$

第四步：画出逻辑电路如图 1.21 所示。

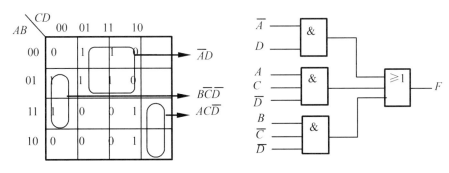

图 1.20　例 1–16 化简过程　　　　　图 1.21　例 1–16 化简后的逻辑图

【例 1–17】　化简 $F = \sum(0,2,5,6,8,9,10,11,13,14,15)$ 为最简与或式。

解： 其卡诺图及化简过程如图 1.22 所示，最简与或式为

$$F = \overline{B}\,\overline{D} + C\overline{D} + \overline{B}CD + AD$$

此例在圈卡诺圈的过程中注意四个角 m_0、m_2、m_8、m_{10} 可以圈成四单元圈。

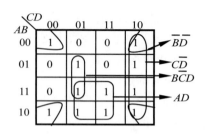

图 1.22　例 17-化简过程

【例 1-18】化简 $F = \sum(0,3,4,5,7,8,9,13,15)$ 为最简与或式。

解：其卡诺图及化简过程如图 1.23 所示。在卡诺圈有多种圈法时，要注意如何使卡诺圈数目最少，同时又要尽可能地使卡诺圈大。

比较如图 1.23（a）、（b）所示两种圈法，显然图（b）圈法优于图（a）圈法，因为它少一个圈，结果更简单，故化简结果应为图（b），最简与或式为

$$F = \overline{A}\,\overline{C}\overline{D} + \overline{A}CD + BD + \overline{A}\overline{B}\overline{C}$$

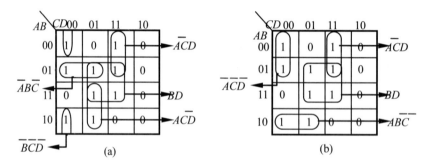

图 1.23　例 1-18 化简过程

【例 1-19】化简 $F = \sum(1,3,4,5,7,8,9,11,13,14)$ 为最简与或式。

解：其卡诺图及化简过程如图 1.24 所示。为了突出圈"1"求与或式，图中的"0"均没有填。其中图 1.24（a）是初学者常圈成的结果，图 1.24（b）是正确结果。这两者的差别在于图 1.24（a）将 m_9 和 m_{11} 圈为二单元圈。图 1.24（b）将 m_1、m_3、m_9、m_{11} 圈成四单元圈。前者化简结果为 $A\overline{B}D$，而后者为 $\overline{B}D$，少了一个变量。

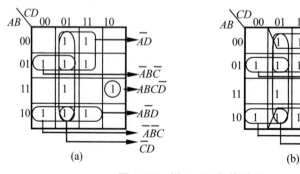

图 1.24　例 1-19 化简过程

最简与或式为

$$F = ABC\overline{D} + \overline{AB}C + \overline{A}B\overline{C} + \overline{B}D + \overline{A}D + \overline{C}D$$

【例 1-20】 化简 $\overline{Rd}$ 为最简与或式。

解： 其卡诺图及化简过程如图 1.25 所示。其中图 1.25（a）中出现了多余圈，m_5、m_7、m_{13}、m_{15} 虽然可圈成四单元圈，如虚线圈所示，但这个虚线圈内的每一个最小项均被别的卡诺圈圈过，是多余圈，应去掉，以免增添多余项。正确结果如图 1.25（b）所示。

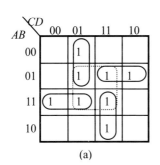
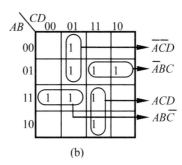

图 1.25 例 1-25 化简过程

所以最简与或式为

$$F = \overline{A}\,\overline{C}D + \overline{A}B\overline{C} + ACD + AB\overline{C}$$

通过对上述几个例子的分析，大家在熟悉了用卡诺图化简逻辑函数成为最简与或式的步骤的基础，还必须着重强调以下两点：

（1）必须在卡诺图上圈全部的"1"，这样才能忠实于原逻辑函数；

（2）圈圈时一定要做到：圈的总数越少越好，每个圈越大越好，避免多余圈。

此外，如果一个逻辑函数出现了不同圈法，但只要圈的总数相同，每个圈的繁简程度相同，那么不同圈法都是正确的。因为对于同一个逻辑函数来说，其最简与或式并不唯一，以后在化简逻辑函数时一定要注意。

6. 无关项及无关项的应用

逻辑问题分完全描述和非完全描述两种。对应于变量的每一组取值，函数都有定义，即在每一组变量取值下，函数 F 都有确定的值，不是"1"就是"0"。我们将这类问题称为完全描述问题，如表 1.13 所示。该函数与每个最小项均有关。

在实际的逻辑问题中，变量的某些取值组合不允许出现，或者是变量之间具有一定的制约关系。我们将这类问题称为非完全描述，如表 1.14 所示。该函数只与部分最小项有关，而与另一些最小项无关，我们用"×"或者用"φ"表示。

<table>
<tr><td colspan="4">表 1.13　完全描述</td></tr>
</table>

A	B	C	F
0	0	0	0
0	0	1	0
0	1	0	0
0	1	1	1
1	0	0	0
1	0	1	0
1	1	0	1
1	1	1	0

表 1.14　非完全描述

A	B	C	F
0	0	0	0
0	0	1	1
0	1	0	0
0	1	1	×
1	0	0	1
1	0	1	×
1	1	0	×
1	1	1	×

在这类非完全描述问题对应的逻辑函数中，输入变量的某些取值组合不会出现，或者不允许出现或者一旦出现，逻辑值可以是任意的。这样的取值组合所对应的最小项称为无关项、任意项或约束项，在卡诺图中也用"×"或者用"φ"表示其逻辑值。

对于表 1.14 中含有无关项逻辑函数可表示为

$$F = \sum(1,4) + \sum{}_d(3,5,6,7)$$

也可表示为

$$F = \overline{A}\,\overline{B}C + A\overline{B}\,\overline{C}$$

约束条件为　　$AB + AC + BC = 0$

即不允许 AB 或 AC 或 BC 同为 1。

对于此逻辑函数式的化简，不考虑无关项和考虑无关项的过程分别如下：

在求最简与或式不考虑无关项的化简时，直接在卡诺图上按前面讲的化简方法进行化简，得到最简与或式，如图 1.26 所示；而考虑无关项的化简时，如果对于扩大 1 圈化简有利，则先在卡诺图上把填×或者 φ 的小方格当做 1 来圈，再按前面讲的化简方法进行化简，得到考虑无关项的最简与或式，如图 1.27 所示。

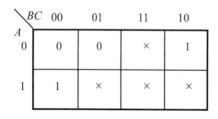

图 1.26　不考虑无关项的化简　　　　图 1.27　考虑无关项的化简

化简后的表达式分别为

$$F = \overline{A}B\overline{C} + \overline{A}\,\overline{B}C \qquad\qquad\qquad F = A + B$$

【例 1-21】 化简 $F = \sum(2,3,4,5) + \sum_d(10,11,12,13,14,15)$ 为最简与或式，并画出相应的逻辑图。

解：其卡诺图及化简过程如图 1.28 所示。由于 m_{14} 和 m_{15} 对于扩大 1 圈不利，因此在化简时就没有圈，所以最简与或式为 $F = B\overline{C} + \overline{B}C$。其逻辑图如图 1.29 所示。

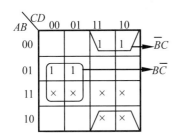

图 1.28　例 1-21 化简过程

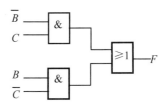

图 1.29　例 1-21 化简后的逻辑图

习 题 一

1-1　填空

（1）$(100111.11)_2 = ($ 　　 $)$

（2）$(174.25)_{10} = ($ 　　 $)$

（3）$(1010010.001)_2 = ($ 　　 $)$

（4）$(102.25)_8 = ($ 　　 $)_2$

（5）$(1010010.001)_2 = ($ 　　 $)_2$

（6）$(8D.6)_{16} = ($ 　　 $)$

1-2　分别用 8421BCD 码和余 3 码表示下列数据：

$(1987.56)_{10} = ($ 　　 $)_{8421BCD} = ($ 　　 $)_{\text{余3码}}$

1-3　判断题下表（a）、（b）所示两种 BCD 码是否有权码，若是，指出各位的权值。

表（a）

N_{10}	A	B	C	D
0	0	0	0	0
1	0	0	0	1
2	0	0	1	1
3	0	1	0	0
4	0	1	0	1
5	0	1	1	1
6	1	0	0	0
7	1	0	0	1
8	1	0	1	1
9	1	1	1	1

表（b）

N_{10}	W	X	Y	Z
0	0	0	0	0
1	0	0	0	1
2	0	0	1	0
3	0	0	1	1
4	0	1	0	1
5	0	1	0	1
6	0	1	1	0
7	0	1	1	1
8	1	1	1	0
9	1	1	1	1

1-4 用逻辑代数的基本公式证明

（1）$(A+B)(\bar{A}+C)(B+C)=(A+B)(\bar{A}+C)$

（2）$\bar{A}\oplus B=A\oplus\bar{B}$

1-5 直接根据反演规则和对偶规则，写出 $F=\bar{A}C+\overline{\overline{BC+D}}$ 的对偶式和反函数。

1-6 单项选择题

（1）当 $A=1$，$B=1$ 时，下列式中可使 $F=0$ 的是（　　）。

　　（A）$F=A+B$　　　　（B）$F=AB$　　　（C）$F=A\oplus B$

（2）口诀"有 0 出 1，全 1 出 0"指的是（　　）。

　　（A）或非门　　　　（B）与非门　　　（C）与门

（3）下面等式成立的是（　　）。

　　（A）$AB+\overline{AB}=0$　　（B）$\overline{AB}+AB=1$　（C）$A+\bar{A}B=A+B$

（4）最小项 $A\bar{B}\bar{C}$ 的相邻项是（　　）。

　　（A）$\overline{A}B\bar{C}$　　（B）$\overline{A}BC$　　（C）$\overline{ABC}$

（5）$F=\bar{A}+BC$ 中包含了几个最小项（　　）。

　　（A）3　　　（B）4　　　（C）5

（6）逻辑函数 $F(A,B,C)=\bar{A}B+B\bar{C}$ 的标准与或式为（　　）。

　　（A）$F=\Sigma m(2,3,6)$　（B）$F=F=\Sigma m(2,5,6)$　（C）$F=F=\Sigma m(2,3,5,6)$

1-7 多项选择题

（1）与十进制数 $(97.5)_{10}$ 等值的有（　　）。

　　（A）$(10010111.1)_2$　　　　（B）$(1100001.1)_2$

　　（C）$(141.8)_8$　　　　　　（D）$(61.8)_{16}$

（2）某一逻辑函数真值表确定后，描述该逻辑函数的方法中，具有唯一性的是（　　）。

　　（A）最简与或式　　　　（B）标准与或式

　　（C）最小项表达式　　　（D）实现该函数的逻辑电路

（3）对于一个逻辑函数，其描述方法有（　　）。

　　（A）真值表　　（B）函数表达式　　（C）逻辑电路图　　（D）卡诺图

（4）关于最小项的性质，说法正确的是（　　）。

　　（A）n 个变量组成的全体最小项之和恒等于 1。

　　（B）两个不同的最小项之积恒等于 0。

　　（C）两个不同的最小项之积恒等于 1。

　　（D）对于任意一个最小项，只有一组取值使得它的值为 1。

1-8 求函数 $F=A\bar{B}+B\bar{C}$ 和 $G=A+B\bar{C}$ 的最小项之和表达式。

1-9 已知 $F=AB+BC+AC$，试列出它的真值表。

1-10 写出题图 1.1 所示逻辑电路的输出逻辑表达式。

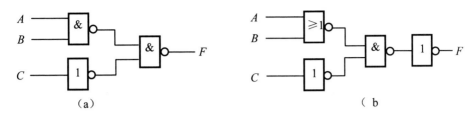

题图 1.1

1-11 用卡诺图化简下列逻辑函数，并写出其最简与或式。

（1）$F(A,B,C,D) = \sum_m (0,1,3,7)$

（2）$F(W,X,Y,Z) = \sum_m (3,4,5,7,9,11,13,15)$

（3）$F(A,B,C,D) = \sum_m (0,1,2,4,5,6,13)$

（4）$F(A,B,C,D) = ABC + C\bar{D} + \bar{A}BC + A\bar{B}D + \overline{ABCD} + A\overline{BCD} + \bar{A}BCD$

1-12 某逻辑电路的输入为四位二进制数，当输入四位二进制数对应的十进制数能够被 3 或 5 整除时，电路输出为 1，否则为 0。试列出其真值表，写出其最小项之和表达式。

门电路

2.1 基本门电路

用以实现基本逻辑运算和复合逻辑运算的单元电路称为门电路。与第 1 章所讲的基本逻辑运算和复合逻辑运算相对应，常用的门电路在逻辑功能上有与门、或门、非门、与非门、或非门、与或非门、异或门等几种。

在最初的数字逻辑电路中，每个门都是用若干个分立的半导体器件和电阻、电容连接而成的。不难想象，用这种单元电路组成大规模的数字电路是非常困难的，这就严重地制约了数字电路的普遍应用。随着数字集成电路的问世和大规模集成电路工艺水平的不断提高，今天已经能把大量的门电路集成在一块很小的半导体芯片上，构成功能复杂的"片上系统"。这就为数字电路的应用开拓了无限广阔的天地。

2.1.1 半导体器件的开关特性

理想开关：断开时，流过的电流为 0；闭合时，两端的电压降为 0；开关动作瞬间完成。

1. 二极管的开关特性

（1）当外加正向电压 $V_D > 0.7\text{ V}$ 时，硅二极管导通，其导通压降保持 0.7 V，如同一个具有 0.7 V 压降的闭合开关。

（2）当外加电压 $V_D < 0.5\text{ V}$ 时，硅二极管截止，流过二极管的电流为 0，如同一个断开的开关。

（3）二极管由导通到截止或由截止到导通，其状态转换需要一定的时间。

2. 三极管的开关特性

（1）当三极管截止时，流过三极管的基极和集电极电流均为 0，三极管的 c、e 之间尤如一只断开的开关。

（2）当三极管工作在饱和状态时，$V_{CE} = 0.3\text{V}$，其 c、e 之间如同一个具有 0.3 V 压降的闭合开关。

（3）三极管由截止变为饱和或由饱和变为截止，都需要一定的时间，即三极管的开关状态转换需要时间完成。

2.1.2 分离元件门电路

1. 二极管与门

A、B 为电路的两个输入端，F 为输出端。$V_{CC} = 5$ V。输入端的高、低电平分别为 3 V、0 V。如图 2.1 所示。

（1）当 $V_A = V_B = 0$ V 时，两只二极管均导通，输出 $V_O = 0.7$ V。

（2）当 $V_A = 0$ V，$V_B = 3$ V 时，二极管 D_A 导通，$V_O = 0.7$ V，D_B 截止。

（3）当 $V_A = 3$ V，$V_B = 0$ V 时，二极管 D_B 导通，$V_O = 0.7$ V，D_A 截止。

（4）当 $V_A = V_B = 3$ V 时，二极管 D_A、D_B 导通，$V_O = 3 + 0.7 = 3.7$ V。

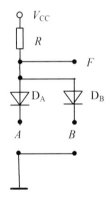

电压功能表

V_A	V_B	V_O
0	0	0.7
0	3	0.7
3	0	0.7
3	3	3.7

逻辑真值表

A	B	F
0	0	0
0	1	0
1	0	0
1	1	1

图 2.1　二极管与门

2. 二极管或门

输入端高、低电平分别为 3 V、0 V。$-V_{EE} = -5$ V。

（1）当 $V_A = V_B = 0$ V 时，两只二极管均导通，输出 $V_O = -0.7$ V。

（2）当 $V_A = 0$ V，$V_B = 3$ V 时，二极管 D_B 导通，$V_O = 3$ V $- 0.7$ V $= 2.3$ V，D_A 截止。

（3）当 $V_A = 3$ V，$V_B = 0$ V 时，二极管 D_A 导通，$V_O = 2.3$ V，D_B 截止。

（4）当 $V_A = V_B = 3$ V 时，二极管 D_A、D_B 导通，$V_O = 3$ V $- 0.7$ V $= 2.3$ V。

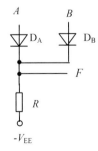

电压功能表

V_A	V_B	V_O
0	0	-0.7
0	3	2.3
3	0	2.3
3	3	2.3

逻辑真值表

A	B	F
0	0	0
0	1	1
1	0	1
1	1	1

图 2.2　二极管或门

3. 三极管非门

三极管输入端高电平为 3.2V，低电平为 0.3V。如图 2.3 所示。

（1）当 U_i = 0.3 V 时，显然三极管截止，流过集电极电流为 0，二极管 D 导通，U_O = 3.2 V。

（2）当 U_i = 3.2 V 时，只要电路参数设置合适，满足 $I_B > I_{BS}$，则三极管导通，$U_O = U_{CES}$ = 0.3 V。

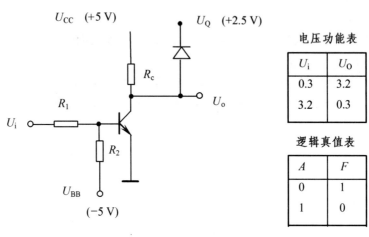

电压功能表

U_i	U_o
0.3	3.2
3.2	0.3

逻辑真值表

A	F
0	1
1	0

图 2.3　三极管非门

2.2　TTL 集成门电路

2.2.1　TTL 与非门

1. 电路结构

TTL 与非门电路如图 2.4 所示。它由三部分组成：输入级、中间级和输出级。

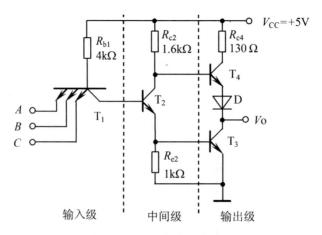

图 2.4　TTL 与非门电路

输入级包括电阻 R_{b1} 和多发射极三极管 T_1，它实现了逻辑"与"的功能。

中间级包括电阻 R_{c2}、R_{e2} 和三极管 T_2，可以看出，它既是一个共发射极接法的电路，又是一个共集电极接法的电路，从三极管 T_2 的集电极和发射极同时输出两个相位相反的信号，并分别送到三极管 T_3 和 T_4 的基极。

输出级包括电阻 R_{c4}、三极管 T_3、T_4 和二极管 D。可以看出，T_2 的集电极和发射极输出的信号使 T_3 和 T_4 始终处于一个导通、一个截止的状态，通常把这种输出级结构形式称为推拉式电路或图腾柱输出电路。

中间级和输出级实现反相的功能，整个电路实现与非的逻辑功能。因为这个电路的输入和输出都采用三极管，故称 TTL（Transistor Transisor Logic）电路。

2. 工作原理

下面我们定性分析 TTL 与非门的工作原理。

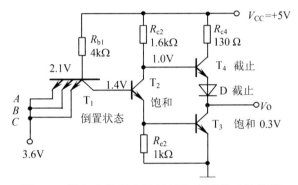

图 2.5　输入全为高电平时 TTL 电路的工作情况

当输入全为高电位 $V_I = V_{IH} = 3.6V$ 时，在如图 2.5 所示电路中，因为电源电压为 + 5V，故 T_1 管的发射极导通，基极电位 $V_{b1} = (3.6 + 0.7)V = 4.3$ V，使 T_1 集电极、T_2、T_3 的发射极均导通，T_1 的基极电位 V_{b1} 被钳位在 $2.1V$，从而使 T_1 的发射结反偏，而此时 T_1 集电结正偏，所以 T_1 管工作在反向放大（倒置）工作状态。

根据计算有关电流的数值可以知道 T_2 管工作在饱和状态，$V_{CES2} = 0.3$ V，继而可以得到 $V_{C2}（V_{B4}） = 1V$，这个电压不足以使 T_3 和 D 同时导通，故 T_4 处于截止状态。由于 T_4 截止，电源电压通过导通的 T_2 管全部加入 T_3 管的基极，使 T_3 管迅速饱和导通，输出低电位 $V_{OL} = V_{CES3} = 0.3V$。即在逻辑上实现了输入全"1"，输出为"0"的功能。

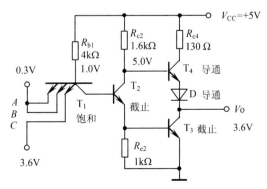

图 2.6　输入有一个为低电平时 TTL 电路的工作情况

当输入有一个或全部为低电位 $V_I = V_{IL} = 0.3V$ 时，如图 2.6 所示，因为电源电压为 + 5 V，故 T_1 管的发射极导通，通过计算可以知道，它工作在饱和状态，基极电位 $V_{B1} = (0.3 + 0.7)V = 1.0$ V，使 T_1 集电极、T_2、T_3 的发射极均截止，电源电压通过 R_{C2} 使 T_4 和二极管 D 导通，输出高电位 $V_{OH} = 5$ V – 1.4 V = 3.6 V。即在逻辑上实现了输入有 "0"，输出为 "1" 的功能。

综上所述，该电路在逻辑上实现了三变量与非运算，$F = \overline{ABC}$，所以它是一个三输入与非门。

表 2.1 示出了 TTL 与非门当输入分别为高电位和低电位时，各管子工作状态和输出电位的情况。

表 2.1　各管子工作状态和输出电位情况

输入状况	输出电位	T_1	T_2	T_3	T_4	D
全部为高电位	低电位	倒置	饱和	饱和	截止	截止
一个或多个为低电位	高电位	饱和	截止	截止	导通	导通

2.2.2　TTL 与非门的主要参数

TTL 门电路的主要参数有标称逻辑电平、开门电平、关门电平、抗干扰容限、扇入系数、扇出系数、平均传输延迟等。这些参数对我们合理、安全地应用器件是很重要的。各类逻辑门有大致相近的特性参数。下面以 TTL 与非门为例并结合图 2.7 所示电压传输特性来介绍。

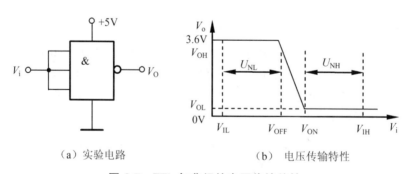

（a）实验电路　　　　　　　（b）电压传输特性

图 2.7　TTL 与非门的电压传输特性

1. 标称逻辑电平

逻辑门在理想工作条件下输出高电平（逻辑 1）和输出低电平（逻辑 0）的电压值，称为标称逻辑电平。

输出高电平 V_{OH}：一般规定为高电平的下限，大约为 3.2V。典型值为 3.6V。

输出低电平 V_{OL}：一般规定为低电平的上限，大约为 0.35V。典型值为 0.3V。

如果输出高电平低于 3.2V，就认为高电平不合格；如果输出低电平高于 0.35V，就认为低电平不合格。

2. 开门电平 V_{ON} 与关门电平 V_{OFF}

开门电平 V_{ON}：当输出为低电平时，逻辑门所对应的最小输入高电平。

关门电平 V_{OFF}：当输出为高电平时，逻辑门所对应的最大输入低电平。

3. 低电平噪声容限 U_{NL} 和高电平噪声容限 U_{NH}

低电平噪声容限 U_{NL}：$U_{NL} = V_{OFF} - V_{IL}$。门输入低电平时的抗干扰能力。

高电平噪声容限 U_{NH}：$U_{NH} = V_{IH} - V_{ON}$。门输入高电平时的抗干扰能力。

噪声容限（抗干扰容限）是衡量门电路抗干扰能力的一个重要指标，其值越大越好。

4. 扇入系数 N_i 和扇出系数 N_o

门电路允许的输入端数目，称为该门电路的扇入系数 N_i。一般门电路的扇入系数为 1 ~ 5，最多不超过 8。实际应用中若要求门电路的输入端数目超过它的扇入系数，可使用与扩展器或者或扩展器来增加输入端数目，也可改用分级实现的方法。实际应用中若要求门电路的输入端数目小于它的扇入系数，可将多余的输入端接高电平或低电平，这取决于门电路的逻辑功能。

门电路通常只有一个输出端，但它能与下一级的多个门的输入端连接。一个门的输出端所能连接的下一级门的最大个数称为该门电路的扇出系数 N_o，或称带负载能力。TTL 一般门电路的扇出系数为 8，驱动门的扇出系数可达 25。

5. 传输延时 t_{pd}

（平均）传输延时 t_{pd} 是指门电路输出波形相对于输入波形的延时，影响传输延时的主要因素是晶体管的开关特性、电路结构和电路中各电阻的阻值，t_{pd} 的大小反映了电路的工作速度。典型的 TTL 与非门的 $t_{pd} \approx 10$ ns。

6. 空载功耗

集成电路的功耗和集成密度密切相关。功耗大的元器件集成度不能很高，否则，器件因无法散热而容易烧毁。

当输出端空载，门电路输出低电平时电路的功耗称为空载导通功耗 $P_{ON}(P_{ON} = P_{CCL} = I_{CCL}V_{CC})$。当输出端为高电平时，电路的功耗称为空载截止功耗 $P_{OFF}(P_{OFF} = P_{CCH} = I_{CCH}V_{CC})$。由于空载导通功耗 P_{ON} 比空载截止功耗 P_{OFF} 大，因此通常用 P_{ON} 表示逻辑门的空载功耗。

2.2.3 其他类型的 TTL 门电路

1. 集电极开路与非门

集电极开路与非门又称 OC 门，电路图如图 2.8（a）所示。

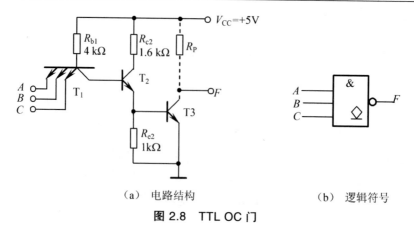

（a）电路结构   （b）逻辑符号

图 2.8　TTL OC 门

与典型的 TTL 与非门相比，输出级中 T_3 管的集电极开路。其逻辑符号如图 2.8（b）所示。其工作原理是：当输入有一个为低电平时：T1 导通，T2、T3 截止，通过电源和外接的电阻 R_P 使输出为高电平；当输入全为高电平时：T1 倒置，T2、T3 导通，输出为低电位。实现了与非功能。

OC 门主要有以下几方面的应用。

（1）实现线与。

两个 OC 门实现线与时的电路如图 2.9 所示。此时的逻辑关系为

$$L = L_1 \cdot L_2 = \overline{AB} \cdot \overline{CD} = \overline{AB + CD}$$

即在输出线上实现了与运算，通过逻辑变换可转换为与或非运算。值得注意的是，为了保证实现逻辑功能的可靠性，R_P 阻值的选择要合适。

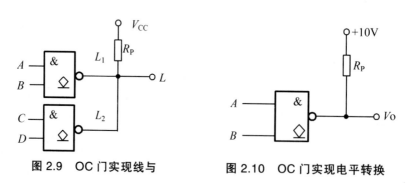

图 2.9　OC 门实现线与   **图 2.10　OC 门实现电平转换**

（2）实现电平转换。

在数字系统的接口部分（与外部设备相连接的地方）需要有电平转换的时候，常用 OC 门来实现。如图 2.10 所示把上拉电阻接到 10V 电源上，这样在 OC 门输入普通的 TTL 电平，而输出高电平就可以变为 10V。

2. TTL 三态门

一般 TTL 门的输出只有两种状态：逻辑高电平或逻辑低电平。TTL 三态门除了输出有逻辑高电平和逻辑低电平以外，还有第三态输出——高阻态。

如图 2.11（a）所示使能端低电平有效的三态门：当 $EN=0$ 时完成正常的与非门功能，输出 $L=\overline{AB}$；当 $EN=1$ 时从输出端 L 看进去，对地和对电源都相当于开路，呈现高阻。所以称这种状态为高阻态，或禁止态。如图 2.11（b）所示使能端高电平有效的三态门。

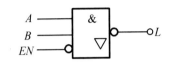

（a）使能端低电平有效的三态门

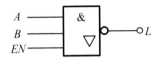

（b）使能端高电平有效的三态门

图 2.11 两种三态门的符号

三态门在计算机总线结构中应用广泛。如图 2.12（a）所示为三态门组成的单向总线。可实现信号的分时传送。如图 2.12（b）所示为三态门组成的双向总线。当 EN 为高电平时，门 G_1 正常工作，门 G_2 输出为高阻态，输入数据 D_1 经门 G_1 反相后送到总线上；当 EN 为低电平时，门 G_2 正常工作，门 G_1 输出为高阻态，总线上的数据 D_O 经门 G_2 反相后输出 $\overline{D_O}$。这样就实现了信号的分时双向传送。

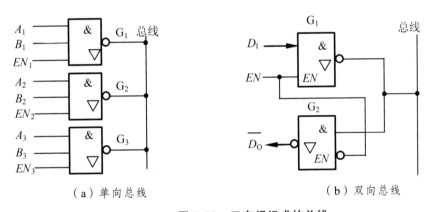

（a）单向总线   （b）双向总线

图 2.12 三态门组成的总线

2.3 CMOS 集成门电路

CMOS 逻辑门电路是由 N 沟道 MOSFET 和 P 沟道 MOSFET 互补而成，通常称为互补型 MOS 逻辑电路，简称 CMOS 逻辑电路。

2.3.1 CMOS 反相器

CMOS 反相器如图 2.13 所示。电路中的驱动管 T_1 为 NMOS 管，负载管 T2 为 PMOS 管。两个管子的衬底与各自的源极相连。CMOS 反相器采用正电源 V_{DD} 供电，PMOS 负载管 T_2

的源极接电源正极，NMOS 工作管 T_1 的源极接地。两个管子的栅极连在一起，作为反相器的输入端，两个管子的漏极连在一起，作为反相器的输出端。

当输入 V_I 为低电平 V_{IL} 且小于 V_{T1}（V_{T1} 是 NMOS 管的开启电压）时，T_1 管截止，但对于 PMOS 负载管来说，由于栅极电位较低，使栅源电压绝对值大于开启电压绝对值 $|V_{T2}|$，因此 T_2 管导通，由于 T_1 管的截止电阻远比 T1 管的导通电阻大得多，所以电源电压差不多全部降在驱动管 T_1 的漏源之间，使反相器输出高电平 $V_{OH} \approx V_{DD}$。

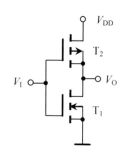

当输入 VI 为高电平 V_{IH} 且大于 V_{T1} 时，T_1 管导通，但对于 PMOS 管来说，由于栅极电位较高，使栅源电压绝对值小于开启电压的绝对值 $|V_{T2}|$，因此 T_2 管截止。由于 T_2 管截止时相当一个很大的电阻，而 T_1 导通时相当于一个较小的电阻，所以电源电压几乎全部降在 T_2 上，使反相器输出为低电平且很低，即 $V_{OL} \approx 0V$。所以，该电路在逻辑上实现了非门的功能，即 $F = \overline{A}$。

由于 CMOS 反相器处于稳态时，无论是输出高电平还是输出低电平，其驱动管和负载管中必有一个截止而另一个导通，因此电源向反相器提供的仅为纳安级的漏电流，所以 CMOS 反相器的静态功耗很小。

图 2.13　CMOS 非门

2.3.2　CMOS 与非门和或非门

1. CMOS 与非门

如图 2.14 所示电路为两个输入端的 CMOS 与非门。两个串联的 NMOS 管 T_{N1} 和 T_{N2} 作为驱动管，两个并联的 PMOS 管 T_{P1} 和 T_{P2} 作为负载管。

当输入 A、B 都为高电平时，两个串联的 NMOS 管 TN1、TN2 都导通，两个并联的 PMOS 管 T_{P1}、T_{P2} 都截止，因此输出 F 为低电平；当输入 A、B 中有一个为低电平时，两个串联的 NMOS 工作管中必有一个截止，两个并联的 PMOS 管 T_{P1}、T_{P2} 必有一个截止，于是电路输出为高电平。可见电路的输出与输入之间是与非逻辑关系，即 $F = \overline{AB}$。

2. CMOS 或非门

如图 2.15 所示电路为两个输入端的 CMOS 或非门，电路中两个 PMOS 负载管串联，两个 NMOS 驱动管并联。当输入 A、B 中至少有一个为高电平时，两个并联的 NMOS 管 T_{N1} 和 T_{N2} 中至少有一个导通；两个串联的 PMOS 管 T_{P1} 和 T_{P2} 中至少有一个截止，于是电路输出低电平；当输入 A、B 都为低电平时，并联的 NMOS 管 T_{N1} 和 T_{N2} 都截止，串联的 PMOS 管 T_{P1} 和 T_{P2} 都导通，因此电路输出高电平。可见，电路实现或非逻辑关系，即 $F = \overline{A+B}$。

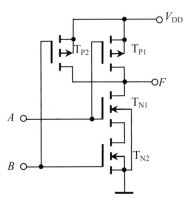

图 2.14　CMOS 与非门

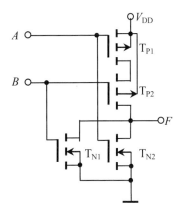

图 2.15　CMOS 或非门

2.3.3　CMOS 传输门

MOSFET 的输出特性在原点附近呈线性对称关系，因而它们常用作模拟开关。模拟开关广泛地用于取样——保持电路、斩波电路、模数和数模转换电路等。

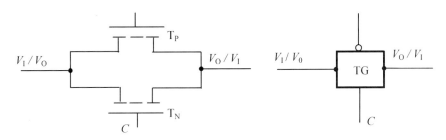

图 2.16　CMOS 传输门

所谓传输门（TG）就是一种传输模拟信号的模拟开关，如图 2.16 所示。CMOS 传输门由一个 P 沟道和一个 N 沟道增强型 MOSFET 并联而成，如图 2.16 所示。T_P 和 T_N 是结构对称的器件，它们的漏极和源极是可互换的。设它们的开启电压 $|V_T| = 2$ V 且输入模拟信号的变化范围为 – 5V 到 + 5V。为使衬底与漏源极之间的 PN 结任何时刻都不致正偏，故 T_P 的衬底接 + 5V 电压，而 T_N 的衬底接 – 5V 电压。

传输门的工作情况如下：当 C 端接低电压 – 5V 时 T_N 的栅压即为 – 5V，V_I 取 – 5V 到 + 5 V 范围内的任意值时，T_N 均不导通。同时，T_P 的栅压为 + 5V，T_P 亦不导通。可见，当 C 端接低电压时，开关是断开的。

为使开关接通，可将 C 端接高电压 + 5 V。此时 T_N 的栅压为 + 5V，V_I 在 – 5V 到 + 3V 的范围内，T_N 导通。同时 T_P 的栅压为 – 5V，V_I 在 – 3 V 到 + 5 V 的范围内 T_P 将导通。

由上分析可知，当 $V_I < – 3$ V 时，仅有 T_N 导通；而当 $V_I > + 3$ V 时，仅有 T_P 导通；当 V_I 在 – 3 V 到 + 3 V 的范围内，T_N 和 T_P 两管均导通。进一步分析还可看到，一管导通的程度愈深，另一管的导通程度则相应地减小。换句话说，当一管的导通电阻减小，则另一管的导通电阻就增加。由于两管系并联运行，可近似地认为开关的导通电阻近似为一常数。这是

CMOS 传输门的优点。

在正常工作时，模拟开关的导通电阻值约为数百欧，当它与输入阻抗为兆欧级的运放串接时，可以忽略不计。

CMOS 传输门除了作为传输模拟信号的开关之外，也可作为各种逻辑电路的基本单元电路。

2.4 门电路的实际应用

2.4.1 TTL 门电路的使用

1. TTL 门电路的各种系列

（1）74 系列：标准系列，其典型电路与非门的平均传输时间 $t_{pd} = 10$ ns，平均功耗 $P = 10$ mW。

（2）74H 系列：高速系列，其典型电路与非门的平均传输时间 $t_{pd} = 6$ ns，平均功耗 $P = 22.5$ mW。

（3）74S 系列：肖特基系列，其典型电路与非门的平均传输时间 $t_{pd} = 4$ ns，平均功耗 $P = 20$ mW。

（4）74 LS 系列：低功耗肖特基系列，$t_{pd} = 10$ ns，平均功耗 $P = 2$ mW。74LS 系列产品具有最佳的综合性能，是 TTL 集成电路的主流，是应用最广的系列。

（5）74 AS 系列：是为进一步缩短传输延迟而设计的改进系列，$t_{pd} = 1.5$ ns，工作速度快，缺点是功耗较大，平均功耗 $P = 20$ mW。

（6）74ALS 系列：是为获得更小的延迟功耗积而设计的改进系列。它的延迟功耗积是 TTL 电路中最小的。$t_{pd} = 4$ ns，$P = 1$ mW。

2. TTL 门电路的使用注意事项

（1）多余或暂时不用的输入端不能悬空。可以按以下方法处理：

① 与其他输入端并联使用。

② 将不用的输入端按照电路功能要求接电源或接地。比如将与门、与非门的多余输入端接电源，将或门、或非门的多余输入端接地。

（2）电路的安装应尽量避免干扰信号的侵入，保证电路稳定工作。

① 在每一块插板的电源线上，并接几十 UF 的低频去耦电容和 0.01～0.047 uF 的高频去耦电容，以防止 TTL 电路的动态尖峰电流产生的干扰。

② 整机装置应有良好的接地系统。

2.4.2 CMOS 门电路的使用

1. CMOS 门电路的各种系列

（1）4000 系列：最早的集成系列，传输延迟时间长，带负载能力弱。

（2）HC/HCT 系列：高速系列，传输延迟时间 10ns 左右，带负载能力 4mA 左右。

HC 与 HCT 的区别：

HC 系列工作电压：2～6 V，输入、输出电平与 TTL 系列不兼容，不能与 TTL 电路混合使用。

HCT 系列工作电压：5V，输入、输出电平与 TTL 完全兼容，可与 TTL 电路混合使用。

（3）AHC/AHCT 系列：改进的高速 CMOS 系列，工作速度比 HC/HCT 系列提高了一倍，带负载能力也提高了近一倍。能与 HC/HCT 系列兼容。目前最受欢迎的系列。

2. 输入电路的静电保护

为防止由静电电压造成的损坏，应注意以下几点：

（1）在存储和运输 CMOS 器件时不要使用易产生静电高压的化工材料和化纤织物包装，最好采用金属屏蔽层作包装材料。

（2）组装、调试时，应使电烙铁和其他工具、仪表、工作台台面等良好接触。操作人员的服装和手套等应选用无静电的原料制作。

（3）不用的输入端不应悬空。

3. 输入电路的过流保护

由于输入保护电路中的钳位二极管电容流量有限，一般为 1 mA，所以在可能出现较大电流的场合必须采取以下保护措施：

（1）输入端接低内阻信号源时，应在输入端与信号源之间串进保护电阻，保证输入保护电路中的二极管导通时电流不超过 1mA。

（2）接入端有大电容时，亦应在输入端与电容之间接入保护电阻。

（3）输入端接长线时，应在门电路的输入端接入保护电阻。

4. CMOS 电路锁定效应的防护

CMOS 电路由于输入太大的电流，内部的电流急剧增大，除非切断电源，电流一直在增大，这种效应就是锁定效应。当产生锁定效应时，CMOS 的内部电流能达到 40mA 以上，很容易烧毁芯片。

可以采取以下防护措施：

（1）在输入端和输出端加钳位电路，使输入和输出不超过规定电压。

（2）芯片的电源输入端加去耦电路，防止 V_{DD} 端出现瞬间的高压。

（3）在 V_{DD} 和外电源之间加线流电阻，即使有大的电流也不让它进去。

（4）当系统由几个电源分别供电时，开关要按下列顺序：开启时，先开启 CMOS 电路的电源，再开启输入信号和负载的电源；关闭时，先关闭输入信号和负载的电源，再关闭 CMOS 电路的电源。

2.4.3 门电路的应用实例：振荡器

振荡器电路如图 2.17 所示。非门 1 和非门 2 组成最简单的脉冲振荡器。为显示直观，将振荡频率选得较低，并增加三极管驱动发光二极管 LED 闪光，以准确判断出振荡状态。如图 2.17 所示电路中的振荡频率 $f = 1/2 RC$。当电阻 R 的单位用"欧姆"、电容 C 的单位用"法拉"时，所得频率 f 的单位为"赫兹"。由此，如图 2.17 所示电路的振荡频率 $f = 0.5$ Hz。接在"非"门 1 输入端的电阻 R_S 为补偿电阻，主要用于改善由于电源电压变化而引起的振荡频率不稳定。一般取 $R_S > 2R$。

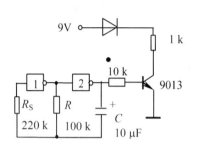

图 2.17　振荡器电路图

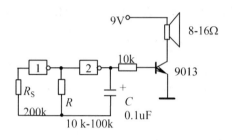

图 2.18　改进的振荡器电路图

改变图 2.17 中的 R 或 C 的数值，振荡频率会相应地发生变化。读者可多替换几组 R、C，以加深印象。应注意：当振荡频率高于 20 Hz 时，发光二极管 LED 的闪动就不明显了，这是由于人眼的惰性所致；此时可用扬声器代替发光二极管，电路如图 2.18 所示。改变电阻 R 的数值，可明显听出扬声器音调的变化。

图 2.17、图 2.18 中的非门可使用 CD4069，使用其中的任意两个非门即可。要注意电源输入 V_{DD}、V_{SS} 一定要接上，虽然图中未画，但电源是必不可少的。电源可使用各种电池或直流稳压电源，一般选 6～9V。

除了利用非门组成振荡器之外，利用与非门和或非门也同样可以组成相同的振荡器。实际上把与非门和或非门的各输入端并接在一起就成了非门，就可以如图 2.17、2.18 所示一样组成脉冲振荡器。而且利用其中的某个输入端，还可组成可控振荡器，如图 2.19 所示。

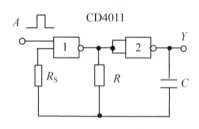

图 2.19　与非门控振荡器电路图

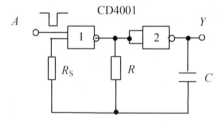

图 2.20　或非门可控振荡器电路图

在图 2.19 中，两个与非门组成振荡器，但仅当与非门 1 的输入 A 为高电平时，电路才振荡；当 A 为低电平时，电路停振。所以，A 点输入电平的高低可控制振荡器的工作与否。在图 2.20 中，两个或非门组成振荡器，但只有当或非门 1 的输入 A 为低电平时，电路才能振荡；当 A 为高电平时电路停振，所以也组成一个可控振荡器。

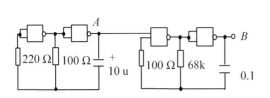

图 2.21 较低频率信号输入时电路图

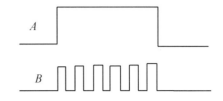

图 2.22 较低频率信号输入时波形图

另外，当 A 点输入的是另外一个频率较低的脉冲振荡信号时，就形成了低频振荡信号对高频振荡信号的调制，如图 2.21 所示。波形如图 2.22 所示。

图 2.21 电路可作为警报声源，听起来是断续的"嘟、嘟、…"声，要比连续的"嘟…"声更易引起人们注意。此外，该电路还可用作红外线波发射电路，当然，R、C 的数值要改变，高频振荡器振荡频率要在 38 kHz 左右，低频振荡信号作为数据去调制 38 kHz 振荡信号。

习 题 二

2-1 单项选择题

（1）要实现题图 2.1 中各 TTL 门电路输出端所示逻辑关系接法正确的是（   ）。

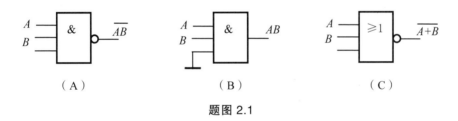

题图 2.1

（2）题图 2.2 中为实现各自输出表达式，C 端应接地的是（   ）。

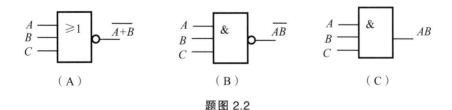

题图 2.2

（3）能实现输出端线与的门有（   ）。

    （A）普通 TTL 与非门　　　　　　　　　（B）普通 CMOS 与非门

    （C）CMOS 三态与非门　　　　　　　　（D）TTLOC 与非门

（4）已知 TTL 与非门有四个输入端，若将这四个输入端两两并联使用，则其扇入系数 N_i 为（   ）。

    （A）1　　　　　（B）2　　　　　（C）4　　　　　（D）3

（5）已知 TTL 与非门的扇出系数 $No=8$，当其输出端已经接了两个同类门之后，它还可以带的同类门数为（   ）。

    （A）2   （B）8   （C）6   （D）4

2-2　填空题

（1）口诀"有 0 出 1，全 1 出 0"指的是＿＿＿＿＿＿＿＿＿门。

（2）$F = AB$，用负逻辑表示为＿＿＿＿＿＿＿＿＿。

（3）已知 TTL 与非门有四个输入端，若将这四个输入端两两并联使用，则其扇入系数 N_i 为＿＿＿＿＿＿＿＿＿。

（4）能实现输出端线与的门有＿＿＿＿＿＿＿＿＿。

（5）三态门输出＿＿＿＿＿、＿＿＿＿＿和＿＿＿＿＿＿＿。

技能实训一　门电路的功能测试与参数测试

一、实验目的

（1）熟悉门电路逻辑功能并掌握常用的逻辑电路功能测试方法。

（2）熟悉 RXB-1B 数字电路实验箱及 V252 示波器使用方法。

二、实验仪器及材料

（1）双踪示波器

（2）数字电路实验箱

（3）万用表

（4）器件：

74LS00	四 2 输入与非门	1 片
74LS86	四 2 输入异或门	1 片

三、实验内容及步骤

1. 异或门逻辑功能测试

集成电路 74LS86 是一片四 2 输入异或门电路，逻辑关系式为 $1Y = 1A \oplus 1B$，$2Y = 2A \oplus 2B$，$3Y = 3A \oplus 3B$，$4Y = 4A \oplus 4B$，其外引线排列如图实 1.1 所示。它的 1、2、4、5、9、10、12、13 号引脚为输入端 $1A$、$1B$、$2A$、$2B$、$3A$、$3B$、$4A$、$4B$，3、6、8、11 号引脚为输出端 $1Y$、$2Y$、$3Y$、$4Y$，7 号引脚为地，14 号引脚为电源 ＋5 V。

（1）将一片四 2 输入异或门芯片 74LS86 插入 RXB-1B 数字电路实验箱的任意 14 引脚的 IC 空插座中。

（2）按如图实 1.2 所示接线测试其逻辑功能。芯片 74LS86 的输入端 1、2、4、5 号引脚分别接至数字电路实验箱的任意 4 个电平开关的插孔，输出端 3、6、8 分别接至数字电路实验箱的电平显示器的任意 3 个发光二极管的插孔。14 号引脚 ＋5V 接至数字电路实验箱的 ＋5 V 电源的"＋5 V"插孔，7 号引脚接至数字电路实验箱的 ＋5 V 电源的"⊥"插孔。

（3）将电平开关按表 1.1 设置，观察输出端 A、B、Y 所连接的电平显示器的发光二极管的状态，测量输出端 Y 的电压值。发光二极管亮表示输出为高电平（H），发光二极管不亮则表示输出为低电平（L）。把实验结果填入表实 1.1 中。

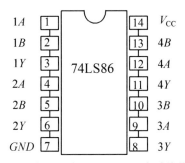

图实 1.1 四 2 输入异或门 74LS86 外引线排列图

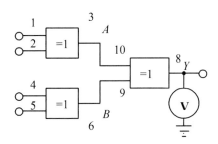

图实 1.2 异或门逻辑功能测试连接图

表实 1.1 异或门逻辑功能测试的实验数据

输 入		输 出			
$K_3\ K_2$	$K_1\ K_0$	A	B	Y	V_Z（电压值）
L L	L L				
H L	L L				
H H	L L				
H H	H L				
H H	H H				
L H	L H				

将表中的实验结果与异或门的真值表对比，判断 74LS86 是否实现了异或逻辑功能。根据测量的 V_Z 电压值，写出逻辑电平 0 和 1 的电压范围。

2. 利用与非门控制输出

选一片四 2 输入与非门电路 74LS00，按如图实 1.3 所示接线。在输入端 A 输入 200 kHz 连续脉冲，将 S 端接至数字电路实验箱的任一逻辑电平开关，当用示波器观察 S 端为 0 电平和 1 电平时，观察输入端 A 和输出端 Y 的波形，并记录之。

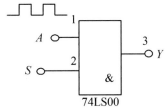

图实 1.3 与非门控制输出的连接图

四、实验报告要求

（1）按实验指南中的要求写出实验报告。

（2）思考题：

① 怎样判断门电路逻辑功能是否正常？

② 与非门一个输入接入连续脉冲，其余端什么状态时允许脉冲通过？什么状态时不允许脉冲通过？

③ 与非门又称可控方向门，为什么？

组合逻辑电路

数字逻辑电路分为组合逻辑电路和时序逻辑电路。本章主要介绍组合逻辑电路分析方法和设计方法以及编码器、译码器、数据选择器、加法器等常用的组合逻辑模块及其实际应用。

3.1 组合逻辑电路的分析与设计

组合逻辑电路是数字电路中最简单的一类逻辑电路，其特点是功能上无记忆，结构上无反馈。即电路任一时刻的输出状态只取决于该时刻各输入状态的组合，而与电路的原状态无关。组合电路通常由门电路组合而成，电路中没有记忆单元，没有反馈通路。

3.1.1 组合逻辑电路的分析

分析组合逻辑电路的目的就是通过分析电路找出电路的逻辑功能。分析组合逻辑电路的步骤大致如下：

（1）根据给定逻辑电路，逐级写出输出函数的逻辑表达式；

（2）用公式法或卡诺图法对表达式进行化简，得到最简逻辑表达式；

（3）根据最简逻辑表达式列出真值表（注意：输入、输出变量的排列顺序可能会影响其结果的分析，一般按 ABC 或 F3F2F1 的顺序排列）；

（4）根据真值表（或表达式）确定电路的逻辑功能。

其分析步骤对应的流程如图 3.1 所示。

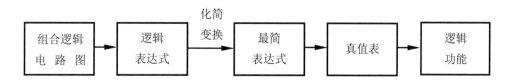

图 3.1　组合电路分析步骤的流程

【**例 3-1**】 试分析如图 3.2 所示电路的逻辑功能。

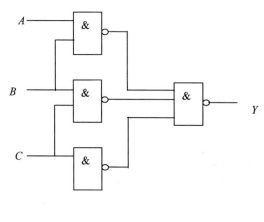

图 3.2　例 3-1 逻辑图

表 3.1　例 3-1 真值表

A	B	C	Y
0	0	0	0
0	0	1	0
0	1	0	0
0	1	1	1
1	0	0	0
1	0	1	1
1	1	0	1
1	1	1	1

解：（1）由图 3.2 可列出 Y 与 A、B、C 之间的逻辑函数式为

$$Y = \overline{\overline{AB} \cdot \overline{BC} \cdot \overline{AC}}$$

（2）化简表达式，得

$$Y = AB + BC + AC$$

（3）列出真值表。根据表达式 $Y = AB + BC + AC$ 得真值表如表 3.1 所示。

（4）由真值表分析确定电路的逻辑功能。

由真值表可以看出，当输入 A、B、C 中有 2 个或 3 个为 1 时，输出 Y 为 1，否则输出 Y 为 0。所以这个电路实际上是一种三人表决用的组合逻辑电路：只要有 2 个人或 3 个人同意，表决就通过。

3.1.2　组合逻辑电路的设计

组合逻辑电路的设计一般应以电路简单、所用器件最少为目标，并尽量减少所用集成器件的种类，因此，在设计过程中要用到前面介绍的代数法和卡诺图法来化简或转换逻辑函数。其设计流程如图 3.3 所示。

图 3.3　组合电路设计步骤的流程

【例 3-2】 设计一个三人表决电路，结果按"少数服从多数"的原则决定。

解：（1）根据设计要求建立该逻辑函数的真值表。

设三人的意见表示为变量 A、B、C，表决结果为函数 Y。

（1）对变量及函数进行如下状态赋值：对于变量 A、B、C，设同意为逻辑"1"；不同意为逻辑"0"。对于函数 L，设事情通过为逻辑"1"；没通过为逻辑"0"。列出真值表如表 3.3 所示。

（2）由真值表写出逻辑表达式为

$$L = \overline{A}BC + A\overline{B}C + AB\overline{C} + ABC \text{（不是最简）}$$

（3）化简。

由于卡诺图化简法较方便，故一般用卡诺图进行化简。将该逻辑函数填入卡诺图，如图 3.4 所示。合并最小项，得最简与-或表达式为

$$L = AB + BC + AC$$

表 3.2 例 3-2 真值表

A	B	C	D
0	0	0	0
0	0	1	0
0	1	0	0
0	1	1	1
1	0	0	0
1	0	1	1
1	1	0	1
1	1	1	1

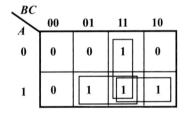

图 3.4 例 3-2 卡诺图

（4）画出逻辑图如图 3.5 所示。

如果要求用与非门实现该逻辑电路，则将表达式转换成与非-与非表达式为

$$L = AB + BC + AC = \overline{\overline{AB} \cdot \overline{BC} \cdot \overline{AC}}$$

由此画出的逻辑图如图 3.6 所示。

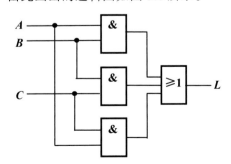

图 3.5 例 3-2 逻辑图 1

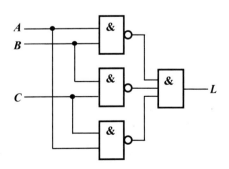

图 3.6 例 3-2 逻辑图 2

3.2　编码器与译码器

3.2.1　编码器

所谓编码就是将二进制数码按一定的规律编码，使每组代码具有一个特定的含义。能够执行编码功能的电路称为编码器。

常见的编码器有二进制编码器、二-十进制编码器（BCD 编码器）和优先编码器等。无论何种编码器，一般都具有 N 个输入端（编码对象），n 个输出端（码）。其关系应满足

$$2^n \geqslant N$$

1. 二进制编码器

对 $N(N = 2^n)$ 个输入信号用 n 位二进制代码进行编码的电路，叫二进制编码器。

一般来讲，n 位二进制代码有 2^n 中不同状态，可以用来表示 2^n 个输入信号。因此若对 N 个信号进行编码时，可利用公式 $2^n \geqslant N$ 来确定使用的二进制代码的位数 n。

下面以 3 位二进制编码器为例，分析编码器的工作原理。

3 位二进制编码器有 8 个输入端、3 个输出端，所以常称为 8 线-3 线编码器，表 3.3 为 3 位二进制编码器的真值表，其输入为高电平有效，且每次只允许一个输入端有输入。当 8 个输入变量中某一个为高电平时，表示对该输入信号进行编码，输出端 Y_2、Y_1、Y_0 可得到对应的二进制代码。

表 3.3　8 线-3 线编码器的真值表

输入								输出		
I_0	I_1	I_2	I_3	I_4	I_5	I_6	I_7	Y_2	Y_1	Y_0
1	0	0	0	0	0	0	0	0	0	0
0	1	0	0	0	0	0	0	0	0	1
0	0	1	0	0	0	0	0	0	1	0
0	0	0	1	0	0	0	0	0	1	1
0	0	0	0	1	0	0	0	1	0	0
0	0	0	0	0	1	0	0	1	0	1
0	0	0	0	0	0	1	0	1	1	0
0	0	0	0	0	0	0	1	1	1	1

由真值表写出各输出端的逻辑表达式为

$$Y_2 = I_4 + I_5 + I_6 + I_7$$

$$Y_1 = I_2 + I_3 + I_6 + I_7$$

$$Y_0 = I_1 + I_3 + I_5 + I_7$$

用门电路实现的逻辑电路如图 3.7 所示。

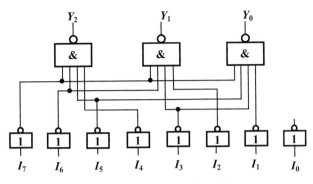

图 3.7 3 位二进制编码器

2. 二-十进制编码器

将十进制数的 10 个数字 0~9 编成二进制代码（又称 BCD 码）的电路，称为二-十进制编码器。下面以键控 8421BCD 码编码器为例，说明其编码原理。

键控 8421BCD 码编码器如图 3.8 所示。在该电路中，左端的十个按键 S_0 ~ S_9 代表输入的 10 个十进制数符号 0 ~ 9，输入为低电平有效，即某一按键按下，对应的输入信号为 0。4 个输出端 A ~ D 为对应的 8421 码。例如，当按键 S_2 按下时，输出 $ABCD$ = 0010，即 2 的 8421BCD 码；当按键 S_9 按下时，输出 $ABCD$ = 1001，即 9 的 8421BCD 码。图中 GS 为控制使能标志，当按下 S_0 ~ S_9 任意一个键时，GS = 1，表示有信号输入；当 S_0 ~ S_9 均没按下时，GS = 0，表示无信号输入，此时输出代码 0000 为无效代码。其真值表如表 3.4 所示。

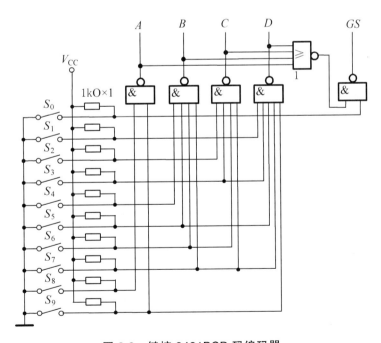

图 3.8 键控 8421BCD 码编码器

表 3.4 键控 8421BCD 码编码器真值表

输入										输出				
S_9	S_8	S_7	S_6	S_5	S_4	S_3	S_2	S_1	S_0	A	B	C	D	GS
1	1	1	1	1	1	1	1	1	1	0	0	0	0	0
1	1	1	1	1	1	1	1	1	0	0	0	0	0	1
1	1	1	1	1	1	1	1	0	1	0	0	0	1	1
1	1	1	1	1	1	1	0	1	1	0	0	1	0	1
1	1	1	1	1	1	0	1	1	1	0	0	1	1	1
1	1	1	1	1	0	1	1	1	1	0	1	0	0	1
1	1	1	1	0	1	1	1	1	1	0	1	0	1	1
1	1	1	0	1	1	1	1	1	1	0	1	1	0	1
1	1	0	1	1	1	1	1	1	1	0	1	1	1	1
1	0	1	1	1	1	1	1	1	1	1	0	0	0	1
0	1	1	1	1	1	1	1	1	1	1	0	0	1	1

由真值表写出编码器工作时各输出的逻辑表达式为

$$A = \overline{S_8} + \overline{S_9} = \overline{S_8 S_9}$$

$$B = \overline{S_4} + \overline{S_5} + \overline{S_6} + \overline{S_7} = \overline{S_4 S_5 S_6 S_7}$$

$$C = \overline{S_2} + \overline{S_3} + \overline{S_6} + \overline{S_7} = \overline{S_2 S_3 S_6 S_7}$$

$$D = \overline{S_1} + \overline{S_3} + \overline{S_5} + \overline{S_7} + \overline{S_9} = \overline{S_1 S_3 S_5 S_7 S_9}$$

3. 优先编码器

由前面介绍的编码器可知，普通编码器任一时刻只允许一个输入端有信号，在实际应用中，有两个或两个以上的输入同时要求编码时，应采用优先编码器。

优先编码器对每个信号规定不同的优先级别，因此能接受多个输入信号，并能识别各输入信号的优先级别，对其中优先级别最高的信号进行编码，作出相应的输出。

74LS148 是一种常用的 8 线-3 线优先编码器，其功能如表 3.5 所示。74LS148 的逻辑符号如图 3.9 所示。其中 $\overline{I_7} \sim \overline{I_0}$ 为编码输入端，低电平有效。$\overline{Y_2} \sim \overline{Y_0}$ 为编码输出端，也为低电平有效，即反码输出。其他功能还有：

（1）$\overline{EI}$ 为使能输入端，低电平有效。即当 $\overline{EI} = 0$，允许编码，输出 $\overline{Y_2} \sim \overline{Y_0}$ 为对应二进制的反码；当 $\overline{EI} = 1$，禁止编码。

（2）优先顺序为 $\overline{I_7} \rightarrow \overline{I_0}$，即 $\overline{I_7}$ 的优先级最高，然后是 $\overline{I_6}$、$\overline{I_5}$、$\cdots$、$\overline{I_0}$。如当 $\overline{I_3} = 0$、$\overline{I_7} \sim \overline{I_4}$ 无输

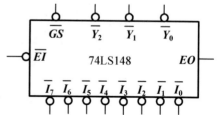

图 3.9 74LS148 优先编码器的逻辑符号

入（见真值表 3.5 倒数第 4 行）时，则不管 $\overline{I_2} \sim \overline{I_0}$ 有无信号（用 × 表示），均按 $\overline{I_3}$ 输入编码，输出 $\overline{Y_2}\ \overline{Y_1}\ \overline{Y_0} = 100$，是 011 的反码。

（3）$\overline{GS}$ 为编码器的工作标志，低电平有效，可用于扩展编码器的功能。

（4）EO 为使能输出端，高电平有效。

表 3.5　优先编码器 74LS148 功能表

输　　　　　入									输　　　出				
$\overline{EI}$	$\overline{I_0}$	$\overline{I_1}$	$\overline{I_2}$	$\overline{I_3}$	$\overline{I_4}$	$\overline{I_5}$	$\overline{I_6}$	$\overline{I_7}$	$\overline{Y_2}$	$\overline{Y_1}$	$\overline{Y_0}$	$\overline{GS}$	EO
1	×	×	×	×	×	×	×	×	1	1	1	1	1
0	1	1	1	1	1	1	1	1	1	1	1	1	0
0	×	×	×	×	×	×	×	0	0	0	0	0	1
0	×	×	×	×	×	×	0	1	0	0	1	0	1
0	×	×	×	×	×	0	1	1	0	1	0	0	1
0	×	×	×	×	0	1	1	1	0	1	1	0	1
0	×	×	×	0	1	1	1	1	1	0	0	0	1
0	×	×	0	1	1	1	1	1	1	0	1	0	1
0	×	0	1	1	1	1	1	1	1	1	0	0	1
0	0	1	1	1	1	1	1	1	1	1	1	0	1

3.2.2　译码器

译码是编码的逆过程，它是将表示特定意义信息的二进制代码"翻译"成对应的高、低电平信号。能完成这种逻辑功能的电路称为译码器。

1. 二进制译码器

二进制译码器的输入为二进制码，若输入有 n 位，数码组合有 2^n 种，可译出 2^n 个输出。下面以译码器 74LS138 为例介绍二进制译码器的工作原理。图 3.10 为 74LS138 译码器的逻辑符号，其功能如表 3.6 所示。

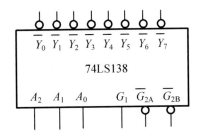

图 3.10　74LS138 译码器的逻辑符号

由图可知，该译码器有 3 个输入端 A_2、A_1、A_0，8 个输出端 $\overline{Y_0} \sim \overline{Y_7}$，所以常称为 3 线-8

线译码器,属于全译码器。输出为低电平有效,G_1、$\overline{G_{2A}}$ 和 $\overline{G_{2B}}$ 为使能输入端。只有当 $G_1\overline{G_{2A}}\,\overline{G_{2B}}$ = 100 时，译码器才工作, $\overline{Y_0} \sim \overline{Y_7}$ 由 $A_2A_1A_0$ 决定；否则禁止译码, $\overline{Y_0} \sim \overline{Y_7}$ 均为1。

表 3.6　3 线–8 线译码器 74LS138 功能表

输		入				输			出				
G_1	$\overline{G_{2A}}$	$\overline{G_{2B}}$	A_2	A_1	A_0	$\overline{Y_0}$	$\overline{Y_1}$	$\overline{Y_2}$	$\overline{Y_3}$	$\overline{Y_4}$	$\overline{Y_5}$	$\overline{Y_6}$	$\overline{Y_7}$
×	1	×	×	×	×	1	1	1	1	1	1	1	1
×	×	1	×	×	×	1	1	1	1	1	1	1	1
0	×	×	×	×	×	1	1	1	1	1	1	1	1
1	0	0	0	0	0	0	1	1	1	1	1	1	1
1	0	0	0	0	1	1	0	1	1	1	1	1	1
1	0	0	0	1	0	1	1	0	1	1	1	1	1
1	0	0	0	1	1	1	1	1	0	1	1	1	1
1	0	0	1	0	0	1	1	1	1	0	1	1	1
1	0	0	1	0	1	1	1	1	1	1	0	1	1
1	0	0	1	1	0	1	1	1	1	1	1	0	1
1	0	0	1	1	1	1	1	1	1	1	1	1	0

由表 3.6 可写出译码器工作时各输出端的逻辑表达式：

$$\overline{Y_0} = \overline{\overline{A_2\,A_1\,A_0}} = \overline{m_0}$$

$$\overline{Y_1} = \overline{\overline{A_2\,A_1\,A_0}} = \overline{m_1}$$

$$\cdots$$

$$\overline{Y_7} = \overline{A_2 A_1 A_0} = \overline{m_7}$$

即若译码器输出为低电平（"0"）有效，则

$$\overline{Y_i} = \overline{m_i} \tag{3.1}$$

其中 i = 0，1，2，…，7；m_i 为最小项。

同理：若译码器输出为高电平（"1"）有效，则可得

$$Y_i = m_i \tag{3.2}$$

这两个结论很重要，它是用译码器实现组合逻辑函数的桥梁。

2. 二-十进制译码器

把二-十进制代码翻译成 10 个十进制数字信号的电路，称为二-十进制译码器。

二-十进制译码器的输入是十进制数的 4 位二进制编码（BCD 码），分别用 A_3、A_2、A_1、A_0 表示；输出的是与 10 个十进制数字相对应的 10 个信号（低电平），用 $Y_9 \sim Y_0$ 表示。由于二-十进制译码器有 4 根输入线，10 根输出线，所以又称为 4 线-10 线译码器。

下面以译码器 74LS42 为例介绍二-十进制译码器。图 3.11 为 74LS42 逻辑符号，表 3.7

为其功能表。

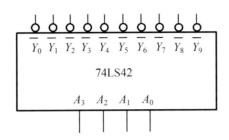

图 3.11　74LS42 译码器的逻辑符号

表 3.7　4 线-10 线译码器 74LS42 功能表

十进制数	输		入		输				出					
	A_3	A_2	A_1	A_0	$\overline{Y_0}$	$\overline{Y_1}$	$\overline{Y_2}$	$\overline{Y_3}$	$\overline{Y_4}$	$\overline{Y_5}$	$\overline{Y_6}$	$\overline{Y_7}$	$\overline{Y_8}$	$\overline{Y_9}$
0	0	0	0	0	0	1	1	1	1	1	1	1	1	1
1	0	0	0	1	1	0	1	1	1	1	1	1	1	1
2	0	0	1	0	1	1	0	1	1	1	1	1	1	1
3	0	0	1	1	1	1	1	0	1	1	1	1	1	1
4	0	1	0	0	1	1	1	1	0	1	1	1	1	1
5	0	1	0	1	1	1	1	1	1	0	1	1	1	1
6	0	1	1	0	1	1	1	1	1	1	0	1	1	1
7	0	1	1	1	1	1	1	1	1	1	1	0	1	1
8	1	0	0	0	1	1	1	1	1	1	1	1	0	1
9	1	0	0	1	1	1	1	1	1	1	1	1	1	0
无	1	0	0	1	1	1	1	1	1	1	1	1	1	1
	1	0	1	0	1	1	1	1	1	1	1	1	1	1
	1	0	1	1	1	1	1	1	1	1	1	1	1	1
	1	1	0	0	1	1	1	1	1	1	1	1	1	1
效	1	1	0	1	1	1	1	1	1	1	1	1	1	1
	1	1	1	0	1	1	1	1	1	1	1	1	1	1
	1	1	1	1	1	1	1	1	1	1	1	1	1	1

3. 显示译码器

在数字系统中，常常需要将数字、字母、符号等直观地显示出来，供人们读取或监视系统的工作情况。能够显示数字、字母或符号的器件称为数字显示器。

在数字电路中，数字量都是以一定的代码形式出现的，所以这些数字量要先经过译码，才能送到数字显示器去显示。这种能把数字量翻译成数字显示器所能识别的信号的译码器称为数字显示译码器。

常用的数字显示器有多种类型。

按显示方式分，有字型重叠式、点阵式、分段式等。

按发光物质分，有半导体显示器，又称发光二极管（LED）显示器、荧光显示器、液晶显示器、气体放电管显示器等。

目前应用最广泛的是由发光二极管构成的七段数字显示器。

（1）七段数字显示器原理。

七段数字显示器就是将七个发光二极管（加小数点为八个）按一定的方式排列起来，七段 a、b、c、d、e、f、g（小数点 dp）各对应一个发光二极管，利用不同发光段的组合，显示不同的阿拉伯数字。其逻辑符号及发光段组合如图 3.12 所示。

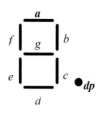

（a）逻辑符号

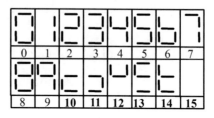

（b）段组合图

图 3.12   七段显示器件及发光段组合图

按内部连接方式不同，七段数字显示器分为共阴极和共阳极两种，其接法如图 3.13 所示。

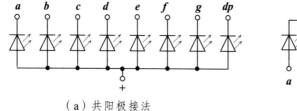

（a）共阳极接法

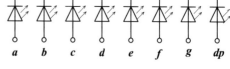

（b）共阴极接法

图 3.13   七段显示器的内部接法

对于共阴极型，某字段为高电平时，该字段亮。对于共阳极型，某字段为低电平时，该字段亮，所以两种显示器所接的译码器类型是不同的。

半导体显示器的优点是工作电压较低（1.5 V ~ 3V）、体积小、寿命长、亮度高、响应速度快、工作可靠性高。缺点是工作电流大，每个字段的工作电流约为 10 mA。

（2）七段显示译码器 74LS48。

七段显示译码器 74LS48 是一种与共阴极数字显示器配合使用的集成译码器，它的功能是将输入的 4 位二进制代码转换成显示器所需的七个段信号 $a \sim g$。其逻辑符号如图 3.14 所示，逻辑功能如表 3.8 所示。

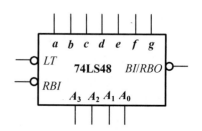

图 3.14   74LS48 的逻辑符号

其中，$a \sim g$ 为译码输出端。另外，它还有 3 个控制端：试灯输入端 LT、灭零输入端 RBI、特殊控制端 BI/RBO。其功能为：

表 3.8　七段显示译码器 74LS48 的逻辑功能表

功能（输入）	输入			输入/输出	输出							显示字形
	LT　RBI	A_3　A_2　A_1　A_0		BI/RBO	a	b	c	d	e	f	g	
0	1　1	0　0　0　0		1	1	1	1	1	1	1	0	
1	1　×	0　0　0　1		1	0	1	1	0	0	0	0	
2	1　×	0　0　1　0		1	1	1	0	1	1	0	1	
3	1　×	0　0　1　1		1	1	1	1	1	0	0	1	
4	1　×	0　1　0　0		1	0	1	1	0	0	1	1	
5	1　×	0　1　0　1		1	1	0	1	1	0	1	1	
6	1　×	0　1　1　0		1	0	0	1	1	1	1	1	
7	1　×	0　1　1　1		1	1	1	1	0	0	0	0	
8	1　×	1　0　0　0		1	1	1	1	1	1	1	1	
9	1　×	1　0　0　1		1	1	1	1	0	0	1	1	
10	1　×	1　0　1　0		1	0	0	0	1	1	0	1	
11	1　×	1　0　1　1		1	0	0	1	1	0	0	1	
12	1　×	1　1　0　0		1	0	1	0	0	0	1	1	
13	1　×	1　1　0　1		1	1	0	0	1	0	1	1	
14	1　×	1　1　1　0		1	0	0	0	1	1	1	1	
15	1　×	1　1　1　1		1	0	0	0	0	0	0	0	
灭灯	×　×	×　×　×　×		0	0	0	0	0	0	0	0	
灭零	1　0	0　0　0　0		0	0	0	0	0	0	0	0	
试灯	0　×	×　×　×　×		1	1	1	1	1	1	1	1	

① 正常译码显示。$LT=1$，$BI/RBO=1$ 时，对输入为十进制数 0~15 的二进制码（0000~1111）进行译码，产生对应的七段显示码。

② 灭零。当输入 $RBI=0$，而输入为 0 的二进制码 0000 时，则译码器的 a~g 输出全为 0，使显示器全灭；只有当 $RBI=1$ 时，才产生 0 的七段显示码。所以 RBI 称为灭零输入端。

③ 试灯。当 $LT=0$ 时，无论输入怎样，a~g 输出全为 1，数码管七段全亮。由此可以检测显示器七个发光段的好坏。LT 称为试灯输入端。

④ 特殊控制端 BI/RBO。BI/RBO 可以作输入端，也可以作输出端。

作输入使用时，如果 $BI=0$ 时，不管其他输入端为何值，a~g 均输出 0，显示器全灭，因此 BI 称为灭灯输入端。

作输出端使用时，受控于 RBI。当 $RBI=0$，输入为 0 的二进制码 0000 时，$RBO=0$，用以指示该片正处于灭零状态。所以，RBO 又称为灭零输出端。

将 BI/RBO 和 RBI 配合使用，可以实现多位数显示时的"无效 0 消隐"功能。在多位十进制数码显示时，整数前和小数后的 0 是无意义的，称为"无效 0"。

3.3　数据选择器与数据分配器

3.3.1　数据选择器

1. 数据选择器的功能

将多路输入数据中由 n 位通道选择信号确定的其中一路数据传送到输出端，又称为"多路选择器"或者"多路（数字）开关"。如图 3.15 所示。

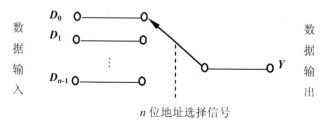

图 3.15　数据选择器示意图

2. 集成数据选择器

74LS151 是 8 选 1 数据选择器，其逻辑符号如图 3.16 所示，其中 C、B、A 为 3 的地址输入端，$D_0 \sim D_7$ 是 8 个数据输入端，Y 为同相输出端，W 为反相输出端，G 为输入使能端，低电平有效。表 3.9 为其功能表。

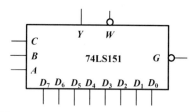

图 3.16　74LS151 八选一的逻辑符号

表 3.9　八选一数据选择器功能表

输	入			输	出
G	C	B	A	Y	W
1	×	×	×	0	1
0	0	0	0	D_0	$\overline{D_0}$
	0	0	1	D_1	$\overline{D_1}$
	0	1	0	D_2	$\overline{D_2}$
	0	1	1	D_3	$\overline{D_3}$
	1	0	0	D_4	$\overline{D_4}$
	1	0	1	D_5	$\overline{D_5}$
	1	1	0	D_6	$\overline{D_6}$
	1	1	1	D_7	$\overline{D_7}$

由表 3.9 可知输出表达式为：

$$Y = \overline{G}(\sum_{i=0}^{7} m_i D_i)$$

其中 m_i 为 CBA 的最小项。例如当 $CBA = 110$ 时，$Y = D_6$ 即把 D_6 的值送到输出 Y 端。

3.3.2　数据分配器

数据分配器的功能是将一路输入数据按地址选择码分配给多路数据输出中的某一路输出。它的作用与单刀多掷开关相似，如图 3.17 所示。其功能表如表 3.10 所示。

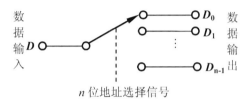

图 3.17　数据分配器示意图

数据分配器能把一路输入数据有选择地分配给任意一个输出通道，因此它一般有一个数据输入端，多个输出端，另外还有通道选择地址码输入端和使能控制端。但市场上没有集成数据分配器产品，当需要数据分配器时，可以用译码器改接。例如用 3 线-8 线译码器构成的"1 线-8 线"数据分配器如图 3.18 所示。

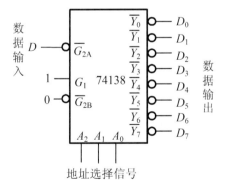

图 3.18　用译码器构成数据分配器

表 3.10　数据分配器功能表

地址选择信号			输　出
A_2	A_1	A_0	
0	0	0	D_0
0	0	1	D_1
0	1	0	D_2
0	1	1	D_3
1	0	0	D_4
1	0	1	D_5
1	1	0	D_6
1	1	1	D_7

3.4 数据比较器和加法器

3.4.1 数据比较器

在数字系统中，常需要对两个数字的大小进行比较，比较器就是为完成这一功能而设计的逻辑电路。

1. 一位数值比较器

一位数值比较器的功能是比较两个一位二进制数 A 和 B 的大小，比较结果有三种情况，即：$A > B$、$A < B$、$A = B$。其真值表如表 3.11 所示。

由真值表写出逻辑表达式为

$$F_{A>B} = A\bar{B} \qquad F_{A<B} = \bar{A}B \qquad F_{A=B} = \overline{A\bar{B} + \bar{A}B} = \overline{\overline{AB} + \overline{AB}}$$

由以上逻辑表达式可画出其逻辑图如图 3.19 所示。

表 3.11 一位数值比较器真值表

输	入	输	出	
A	B	$F_{A>B}$	$F_{A<B}$	$F_{A=B}$
0	0	0	0	1
0	1	0	1	0
1	0	1	0	0
1	1	0	0	1

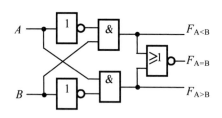

图 3.19 一位数值比较器逻辑图

2. 多位数值比较器

一位数值比较器只能对两个一位二进制数进行比较。而实用的比较器一般是多位的，而且考虑低位的比较结果。下面以两位为例讨论这种数值比较器的结构及工作原理。

两位数值比较器的真值表如表 3.12 所示。其中 A_1、B_1、A_0、B_0 为数值输入端，$I_{A>B}$、$I_{A<B}$、$I_{A=B}$ 为级联输入端，是为了实现两位以上数码比较时，输入低位片比较结果而设置的。$F_{A>B}$、$F_{A<B}$、$F_{A=B}$ 为本位片三种不同比较结果的输出端。

由此可写出如下逻辑表达式：

$$F_{A>B} = (A_1 > B_1) + (A_1 = B_1)(A_0 > B_0) + (A_1 = B_1)(A_0 = B_0) \ I_{A>B}$$

$$F_{A<B} = (A_1 < B_1) + (A_1 = B_1)(A_0 < B_0) + (A_1 = B_1)(A_0 = B_0) \ I_{A<B}$$

$$F_{A=B} = (A_1 = B_1)(A_0 = B_0) \ I_{A=B}$$

表 3.12　2 位数值比较器的真值表

数值输入		级联输入			输出		
A_1　B_1	A_0　B_0	$I_{A>B}$	$I_{A<B}$	$I_{A=B}$	$F_{A>B}$	$F_{A<B}$	$F_{A=B}$
$A_1 > B_1$	×　×	×	×	×	1	0	0
$A_1 < B_1$	×　×	×	×	×	0	1	0
$A_1 = B_1$	$A_0 > B_0$	×	×	×	1	0	0
$A_1 = B_1$	$A_0 < B_0$	×	×	×	0	1	0
$A_1 = B_1$	$A_0 = B_0$	1	0	0	1	0	0
$A_1 = B_1$	$A_0 = B_0$	0	1	0	0	1	0
$A_1 = B_1$	$A_0 = B_0$	0	0	1	0	0	1

根据表达式画出逻辑图如图 3.20 所示。图中用了两个 1 位数值比较器，分别比较（A_1、B_1）和（A_0、B_0），并将比较结果作为中间变量，这样逻辑关系比较明确。

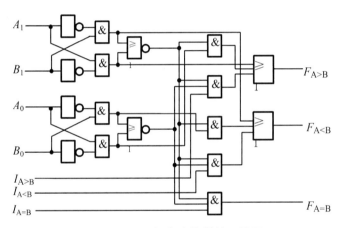

图 3.20　2 位数值比较器的逻辑图

3. 集成数值比较器 74LS85

74LS85 是典型的集成 4 位二进制数比较器。其真值表、电路原理与 2 位二进制数比较器相似，其逻辑符号如图 3.21 所示。其中 $A_3A_2A_1A_0$ 和 $B_3B_2B_1B_0$ 是用来比较的四位数据输入端，$I_{A>B}$、$I_{A<B}$、$I_{A=B}$ 是扩展输入端，供两片以上级联时使用，$F_{A>B}$、$F_{A<B}$、$F_{A=B}$ 为比较结果输出端。关于利用 $I_{A>B}$、$I_{A<B}$、$I_{A=B}$ 三个扩展输入端进行扩展，实现更多位数值比较器，读者可参阅相关资料。

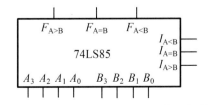

图 3.21　4 位比较器 74LS85 的逻辑符

3.4.2　加法器

加法器电路主要用来完成二进制数的加法运算，除此之外还可以用来实现代码转换。

1. 半加器

实现两个一位二进制数相加且不考虑低位进位的加法器电路称为半加器。半加器通常用于两个多位二进制数相加时的最低位相加。

半加器的真值表如表 3.13 所示。表中的 A 和 B 分别表示被加数和加数输入，S 为本位和输出，C 为向相邻高位的进位输出。由真值表可直接写出输出逻辑函数表达式为

$$S = \overline{A}B + A\overline{B} = A \oplus B$$

$$C = AB$$

可见，可用一个异或门和一个与门组成半加器，如图 3.22 所示。

表 3.13　半加器的真值表

A	B	S	C
0	0	0	0
0	1	1	0
1	0	1	0
1	1	0	1

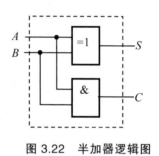

图 3.22　半加器逻辑图

如果想用与非门组成半加器，则将上式用代数法变换成与非-与非形式

$$S = \overline{A}B + A\overline{B} = A \cdot \overline{AB} + B \cdot \overline{AB} = \overline{\overline{A \cdot \overline{AB}} \cdot \overline{B \cdot \overline{AB}}}$$

$$C = AB = \overline{\overline{AB}}$$

由此画出用与非门组成的半加器如图 3.23 所示。可见，实现半加器的逻辑图形式不是唯一的。半加器的逻辑符号如图 3.24 所示。

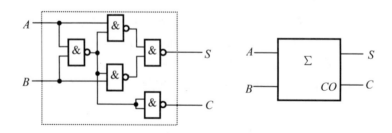

图 3.23　与非门组成的半加器　　　　图 3.24　半加器的符号

2. 全加器

在多位数加法运算时，除最低位外，其他各位都需要考虑低位送来的进位。全加器就具有这种功能。全加器的真值表如表 3.14 所示。表中的 A_i 和 B_i 分别表示被加数和加数输入，

C_{i-1} 表示来自相邻低位的进位输入，S_i 为本位和输出，C_i 为向相邻高位的进位输出。

由真值表直接写出 S_i 和 C_i 的输出逻辑函数表达式，再转换得

$$S_i = \overline{A_i}\,\overline{B_i}C_{i-1} + \overline{A_i}B_i\overline{C_{i-1}} + A_i\overline{B_i}\,\overline{C_{i-1}} + A_iB_iC_{i-1}$$

$$= \overline{(A_i \oplus B_i)}C_{i-1} + (A_i \oplus B_i)\overline{C_{i-1}}$$

$$= A_i \oplus B_i \oplus C_{i-1}$$

$$C_i = \overline{A_i}B_iC_{i-1} + A_i\overline{B_i}C_{i-1} + A_iB_i\overline{C_{i-1}} + A_iB_iC_{i-1}$$

$$= A_iB_i + (A_i \oplus B_i)\,C_{i-1}$$

表 3.14　全加器的真值表

输		入	输	出
A_i	B_i	C_{i-1}	S_i	C_i
0	0	0	0	0
0	0	1	1	0
0	1	0	1	0
0	1	1	0	1
1	0	0	1	0
1	0	1	0	1
1	1	0	0	1
1	1	1	1	1

故得到全加器的逻辑图如图 3.25（a）所示。全加器的逻辑符号如图 3.25（b）所示。

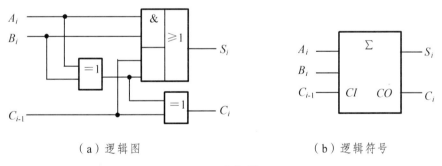

（a）逻辑图　　　　　　　　　　　　　（b）逻辑符号

图 3.25　全加器

3. 多位数加法器

要进行多位数相加，最简单的方法是将多个全加器进行级联，称为串行进位加法器。图 3.26 所示是 4 位串行进位加法器，从图中可见，两个 4 位相加数 $A_3A_2A_1A_0$ 和 $B_3B_2B_1B_0$ 的各位同时送到相应全加器的输入端，进位数串行传送。全加器的个数等于相加数的位数。最低位全加器的 C_{i-1} 端应接 0。

串行进位加法器的优点是电路比较简单，缺点是速度比较慢。因为进位信号是串行传递，图 3.26 中最后一位的进位输出 C_3 要经过 4 位全加器传递之后才能形成。如果位数增加，传

输延迟时间将更长，工作速度更慢。

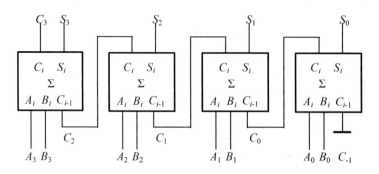

图 3.26　4 位串行加法器

为了提高速度，人们又设计了一种多位数快速进位（又称超前进位）的加法器。所谓快速进位，是指加法运算过程中，各级进位信号同时送到各位全加器的进位输入端。现在的集成加法器，大多采用这种方法。74283 是一种典型的快速进位集成加法器，其逻辑符号如图 3.27 所示。

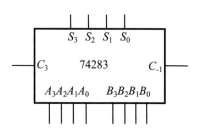

图 3.27　集成 4 位加法器 74283
的逻辑符号

3.5　组合逻辑电路的实际应用

3.5.1　译码器的应用实例

由于译码器的每个输出端分别与一个最小项相对应，因此辅以适当的门电路，便可实现任何组合逻辑函数。

【例 3-3】试用译码器和门电路实现逻辑函数：$L = AB + BC + AC$。

解：（1）将逻辑函数转换成最小项表达式，再转换成与非-与非形式，得

$$L = \overline{A}BC + A\overline{B}C + AB\overline{C} + ABC$$

$$= m_3 + m_5 + m_6 + m_7$$

$$= \overline{\overline{m_3} \cdot \overline{m_5} \cdot \overline{m_6} \cdot \overline{m_7}}$$

（2）该函数有三个变量，所以选用 3 线-8 线译码器 74LS138。

令译码器的 $A_2 = A$、$A_1 = B$、$A_0 = C$，因为 74LS138 的输出是低电平有效，$\overline{Y_i} = \overline{m_i}$，所以

$$L = \overline{\overline{Y_3} \cdot \overline{Y_5} \cdot \overline{Y_6} \cdot \overline{Y_7}}$$

故用一片 74LS138 加一个与非门就可实现逻辑函数 L，其逻辑图如图 3.28 所示。

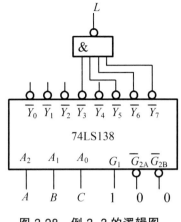

图 3.28 例 3-3 的逻辑图

可见，用译码器实现组合逻辑函数的关键是：先求函数的最小项之和表达式，把函数输入变量作为译码器的输入变量，再根据译码器输出情况，适当附加门电路即可。

3.5.2 数据选择器的应用实例

当逻辑函数的变量个数和数据选择器的地址输入变量个数相同时，可直接用数据选择器来实现逻辑函数。

【例 3-4】试用 8 选 1 数据选择器 74LS151 实现逻辑函数：$L = AB + BC + AC$。

解：（1）将逻辑函数转换成最小项表达式

$$L = \overline{A}BC + A\overline{B}C + AB\overline{C} + ABC = m_3 + m_5 + m_6 + m_7$$

（2）将输入变量接至数据选择器的地址输入端，即 $A = A_2$，$B = A_1$，$C = A_0$。输出变量接至数据选择器的输出端，即 $L = Y$。将逻辑函数 L 的最小项表达式与 74LS151 的功能表相比较，显然，L 式中出现的最小项对应的数据输入端应接 1，L 式中没出现的最小项，对应的数据输入端应接 0。即 $D_3 = D_5 = D_6 = D_7 = 1$；$D_0 = D_1 = D_2 = D_4 = 0$。

（3）画出逻辑图如图 3.29 所示。

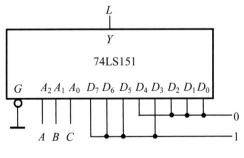

图 3.29 例 3-4 的逻辑图

当逻辑函数的变量个数大于数据选择器的地址输入变量个数时，不能用前述的简单办法。应分离出多余的变量，把它们加到适当的数据输入端。读者可参阅相关资料。

3.5.3　集成加法器的应用

1. 加法器级联实现多位二进制数加法运算

一片 74283 只能进行 4 位二进制数的加法运算，将多片 74283 进行级联，就可扩展加法运算的位数。用两片 74283 组成的 8 位二进制数加法电路如图 3.30 所示。

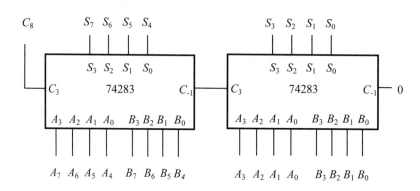

图 3.30　2 片 74283 组成 8 位加法器

2. 用 74283 实现余 3 码和 8421BCD 码之间的转换

由第一章代码的知识可知，对同一个十进制数符，余 3 码比 8421BCD 码多 3。因此实现 8421BCD 码到余 3 码的转换比较简单，只需将 8421BCD 码的每组码加上 3（即 0011），所以，从 74283 的 $A_3 \sim A_0$ 输入 8421BCD 码，$B_3 \sim B_0$ 接固定代码 0011，$C_{-1} = 0$，在 $S_3 \sim S_0$ 就能得到相应的余 3 码，其逻辑图如图 3.31（a）所示。

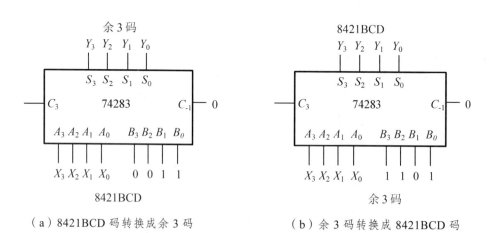

（a）8421BCD 码转换成余 3 码　　　　　　　（b）余 3 码转换成 8421BCD 码

图 3.31　用 4 位加法器实现余 3 码和 8421BCD 码的转换

余 3 码到 8421BCD 码的变换，只需从余 3 码中减去 3（即 0011）。利用二进制补码的概念，很容易实现上述减法。由于 0011 的补码为 1101，减 0011 与加 1101 等效。所以，从 74283 的 $A_3 \sim A_0$ 输入余 3 码，$B_3 \sim B_0$ 接固定代码 1101，$C_{-1} = 0$，在 $S_3 \sim S_0$ 就能得到相应的 8421BCD 码，其逻辑图如图 3.31（b）所示。

习 题 三

3-1 单项选择题

（1）关于组合电路特点，说法正确的是（　　　　）。

  （A）任一时刻的输出不仅取决于该时刻的输入，而且与电路原状态有关。

  （B）任一时刻的输出仅仅取决于该时刻的输入，而与电路原状态无关。

  （C）任一时刻的输出不仅取决于该时刻的输入，而且与以前时刻的输入有关。

（2）用输出"1"有效的 3 线-8 线译码器实现函数 $F = \overline{A}B\overline{C} + \overline{A}BC + ABC$ 的正确方案是（　　　　）。

  （A）$F = \overline{Y_2 + Y_3 + Y_7}$ （B）$F = \overline{Y_2 Y_3 Y_7}$

  （C）$F = Y_2 + Y_3 + Y_7$ （D）$F = Y_2 \cdot Y_3 \cdot Y_7$

（3）8 选 1 数据选择器有（　　　）个选择信号输入端。

  （A）1   （B）2   （C）3   （D）8

（4）8 选 1 数据选择器的输出端个数为（　　　　）。

  （A）0   （B）1   （C）3   （D）8

（5）8 路数据分配器，其地址输入端（选择控制端）有（　　　）个。

  （A）3   （B）4   （C）8   （D）1

（6）两个 8421BCD 码 1000，1001，经过一个 4 位加法器相加得到的结果 $C_3 S_3 S_2 S_1 S_0$ 等于（　　　　）。

  （A）10001   （B）10111   （C）00001   （D）00111

（7）两个余 3 码 1001、1001，经过一个 4 位加法器相加得到的结果 $C_3 S_3 S_2 S_1 S_0$ 等于（　　　　）。

  （A）1000010   （B）10010   （C）011000   （D）00010

（8）半加器构成的电路如题图 3.1 所示，该电路的和函数输出是 $L =$（　　　　）。

  （A）0   （B）AB

  （C）$A\ B$ （D）$A + B$

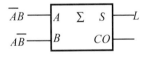

题图 3.1

3-2 由基本门组成的电路如题图 3.2 所示，试分析电路，要求：

  （1）写出 F 的表达式；

  （2）说明电路完成的功能。

3-3 设计一个组合逻辑电路，其输入为 8421BCD 码，当输入表示的十进制数分别为 2，3，4，5，8 时输出为 1，否则为 0，要求：

  （1）列真值表；

  （2）求最简与或式；

  （3）用与非门实现。

3-4 某工厂有三大股东分别占有工厂 30%、20% 和 10% 的股份。一个议案要通过，必须至少

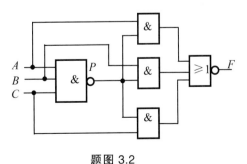

题图 3.2

有超过一半股权的股东投赞成票。试用与非门设计该厂的股东表决电路。

3-5 分析如题图3.3所示电路，要求：

（1）写出 F_1，F_2 的表达式；

（2）列真值表；

（3）说明功能；

（4）改用一片2线-4线译码器（译码器输出"0"有效）及附加基本门实现，并画出相应的逻辑图。

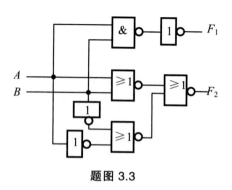

题图 3.3

3-6 用3线-8线译码器74138和附加基本门设计一个三变量的奇数判别电路（变量中有奇数个1时输出高电平）。

3-7 由3线-8线译码器（输出"0"有效）组成如题图3.4所示电路，试分析电路：

（1）写出 F_1，F_2 的标准与或式，列出真值表，并说明其功能；

（2）改用4选1数据选择器及附加基本门实现，并画出相应的逻辑图。

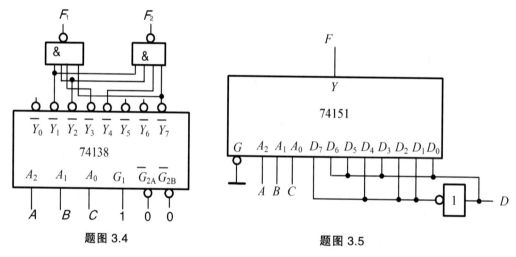

题图 3.4   题图 3.5

3-8 试用8选1数据选择器74151构成如题图3.5所示电路，写出输出 F 的逻辑表达式，列出真值表并说明电路功能。

3-9 试用3线-8线译码器74138（输出"0"有效）设计一个全加器。

3-10 试用四位加法器设计一个组合逻辑电路，其功能是将8421BCD码转换成余3BCD码。

技能实训二 译码与数码显示

一、实验目的

（1）熟悉集成译码器基本逻辑功能。

（2）了解集成译码器应用、显示译码器及数码管使用方法。

二、实验仪器及材料

（1）双踪示波器　　　　　　　　　　　　　　　1台

（2）器件：

74LS00　　　二输入端四与非门　　　　　　　1片

74LS139　　　2-4线译码器　　　　　　　　　1片

三、实验内容及步骤

1. 译码器功能测试

将74LS139译码器按如图实2-1所示接线，16脚接+5V，8脚接 GND。按表2.1要求分别置位，将结果填入表实2.1。

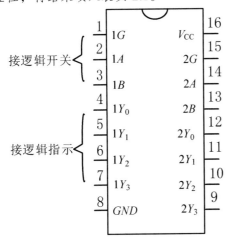

图实 2.1

表 2.1

输　入		输　出			
使能	选择	Y_0	Y_1	Y_2	Y_3
G	B	A			
H	X	X			
L	L	L			
L	L	H			
L	H	L			
L	H	H			

2. 译码器转换

将双2-4线译码器转换为3-8线译码器。

（1）画出转换电路图。

（2）在实验箱上接线并验证设计正确与否。

（3）设计并填写该3-8线译码器功能表，画出输入、输出波形。

3. 数码显示译码器

（1）七段发光二极管（LED）数码管。

管脚排列图如图实2.2（a）、（b）所示，这种显示器的内部结构类似PN结，由七个条形发光二极管构成七段字形，它是将电信号转换为光信号的固态显示器件，最大工作电流10 mA~15 mA，分为共阴共阳两类。常用共阴型号有BS201、BS202、BS207、LC5011-11等；共阳型号有BS204、BS206、LA5011-11等。

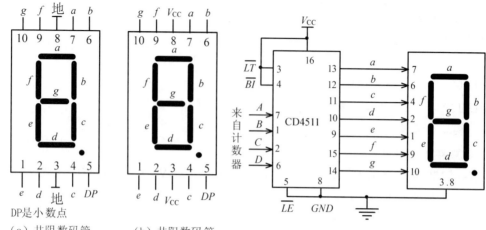

（a）共阴数码管　　（b）共阳数码管

DP是小数点

图实 2.2　数码管引脚　　　　　　　　　　图实 2.3　译码显示电路

（2）TTL 显示译码器：分为 OE、OC 两种。

① OE 显示译码器：其特点是高电平点亮共阴显示，低电平时字段熄灭。

② OC 显示译码器：其特点是低电平点亮共阳显示，高电平时字段熄灭。

③ CD4511—BCD 七段译码器，其引脚排列、功能表见附录。

译码器型号有 74LS47（共阳）、74LS48（共阴）、CD4511（共阴）等。本实验采用 CD4511BCD 码锁存/七段译码/驱动器驱动共阴数码管。

译码显示电路连接如图实 2.3 所示，数码管的输入 $a \sim g$ 与译码器输出 $a \sim g$ 连接。译码器的输入端 A、B、C、D 可直接接逻辑开关（或接计数器输出），在数码管上显示不同的数字（0-9）。根据不同的编码，记录相应的结果。

四、实验报告要求

（1）画出实验要求的波形图。

（2）画出实验内容 2、3 的接线图。

（3）总结译码器的使用体会。

技能实训三　数据选择器的功能及应用

一、实验目的

（1）熟悉集成译码器基本逻辑功能。

（2）了解集成译码器应用、显示译码器及数码管使用方法。

二、实验仪器及材料

（1）双踪示波器　　　　　　　　　　　　　1 台

（2）器件：

| 74LS00 | 二输入端四与非门 | 1 片 |
| 74LS153 | 双 4 选 1 数据选择器 | 1 片 |

三、实验内容及步骤

1. 数据选择器功能测试

将双 4 选 1 数据选择器 74LS153 参照如图实 3.1 所示接线。16 脚接 + 5V，8 脚接 GND，

输入端 $D_0D_1D_2D_3$ 接逻辑开关，测试其功能并填表实 3.1。

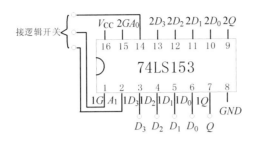

图实 3.1

表实 3.1

选择端		数据输入端				输出控制	输出
A_0	A_1	D_0	D_1	D_2	D_3	G	Q
X	X	X	X	X	X	H	
L	L	L	X	X	X	L	
L	L	H	X	X	X	L	
L	H	X	L	X	X	L	
L	H	X	H	X	X	L	
H	L	X	X	L	X	L	
H	L	X	X	H	X	L	
H	H	X	X	X	L	L	
H	H	X	X	X	H	L	

2. 数据选择器通道扩展

将双 4 选一数据选择器转换为八选一数据选择器。

（1）画出转换电路图。

（2）在实验箱上接线并验证设计是否正确。

（3）设计并填写该八选一数据选择器功能表。

3. 数据选择器应用

用数据选择器实现半加器。

（1）画出实现电路图。

（2）在实验箱上接线并验证设计是否正确。

（3）设计并填写该半加器功能表。

四、实验报告要求

（1）画出实验要求的波形图。

（2）画出实验内容 2、3 的接线图。

（3）总结数据选择器的使用体会。

集成触发器

触发器是数字系统中广泛应用的能够记忆一位二进制信息的基本逻辑单元电路。触发器具有两个能自行保持的稳定状态,用来表示逻辑1或0(或二进制数的1或0),所以又叫双稳态电路。在不同的输入信号作用下其输出可以置成1态或0态,且当输入信号消失后,触发器获得的新状态能保持下来。

触发器有两个重要特点:一是具有两个不同的稳定状态(0或1),二是具有记忆功能。即只有在一定的外部信号作用下,触发器的状态才发生变化。

触发器有多种分类方法,按照逻辑功能分为:RS 触发器、JK 触发器、T 触发器、D 触发器等。按照触发方式不同可分为:直接触发器、电平触发器和边沿触发器等类型。

本章首先从基本 RS 触发器入手,介绍常用集成触发器的功能、符号,然后介绍集成触发器的应用。

4.1 RS 触发器

4.1.1 基本 RS 触发器

1. 基本 RS 触发器的电路组成

基本 RS 触发器是结构最简单的一种触发器,各种实用的触发器都是在基本 RS 触发器的基础上构成的。

由两个与非门交叉耦合构成的 RS 触发器及其逻辑符号如图 4.1 所示。图(b)中输入端 S_D、R_D 的小圆圈表示低电平有效。

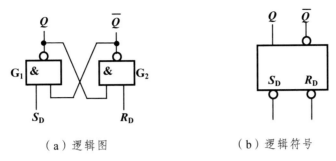

（a）逻辑图　　　　　　　　　（b）逻辑符号

图 4.1　基本 *RS* 触发器

该触发器有两个互补的输出端 Q 和 $\overline{Q}$。当 $Q = 1$ 时，$\overline{Q} = 0$，表示触发器处于 1 状态；而当 $Q = 0$ 时，$\overline{Q} = 1$，表示触发器处于 0 状态，即以 Q 端的状态作为触发器的状态。触发器的这两种稳定状态正好用来存储二进制信息 1 和 0。通常使 $Q = 1$ 的操作称为置 1 或置位（Set），使 $Q = 0$ 的操作称为置 0 或复位（Reset）。S_D 称为置 1 端或置位端，R_D 称为置 0 端或复位端。触发器的状态是由 S_D、R_D 控制。

2. 工作原理

我们把输入信号发生变化之前的触发器状态称为现态（或原态），用 Q^n 来表示，而把输入信号发生变化后触发器所进入的状态，称为次态（或新态），用 Q^{n+1} 来表示。

（1）当 $R_D = 1$，$S_D = 0$ 时，由 $S_D = 0$，可得 $Q = 1$；再由 $R_D = 1$、$Q = 1$ 导出 $\overline{Q} = 0$，即触发器处于置 1 状态，也可表示为 $Q^{n+1} = 1$。

（2）当 $R_D = 0$，$S_D = 1$ 时，由 $R_D = 0$，可得 $\overline{Q} = 1$；再由 $S_D = 1$、$\overline{Q} = 1$ 导出 $Q = 0$，即触发器处于置 0 状态，也可表示为 $Q^{n+1} = 0$。

（3）当 $R_D = 1$，$S_D = 1$ 时，触发器的状态由原态决定。若触发器的原状态是 $Q = 0$、$\overline{Q} = 1$，可得新态仍是 $Q = 0$、$\overline{Q} = 1$；同理，触发器的原状态是 $Q = 1$、$\overline{Q} = 0$，则新态仍是 $Q = 1$、$\overline{Q} = 0$。即触发器保持原状态不变，也可表示为 $Q^{n+1} = Q^n$。

（4）当 $R_D = S_D = 0$ 时，触发器的互补输出特性被破坏，即 $Q = \overline{Q} = 1$，这是不允许出现的。而且当 S_D 和 R_D 又同时由 0 变为 1 时，将无法确定触发器的状态是 0 还是 1，在真值表中用 × 表示。

将上述分析用真值表如表 4.1 所示。

表 4.1　基本 RS 触发器真值表

R_D	S_D	Q^{n+1}	功能说明
0	0	×	禁止输入
0	1	0	复位（置 0）
1	0	1	置位（置 1）
1	1	Q^n	保持原态

综上所述，该触发器具有置位（置 1）、复位（置 0）、保持原态（记忆）三种功能。置位

端、复位端都是低电平有效。

【例 4-1】已知图 4.1 的输入波形如图 4.2 所示，设触发器的初态为 0，画出触发器的 Q 端和 $\overline{Q}$ 的波形。

解：根据基本 RS 触发器的真值表，对应画出各段输入时的输出波形。

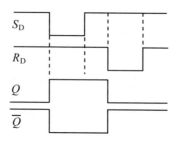

图 4.2　例 4-1 图

4.1.2　同步 RS 触发器

1. 同步 RS 触发器的电路组成

上述基本 RS 触发器具有直接置 0 和置 1 的功能，一旦输入信号有效，触发器的状态就立即发生相应的变化。在数字系统中，为协调各部分的工作状态，通常需要由时钟脉冲 CP 来控制触发器按一定的节拍同步动作。由时钟脉冲控制的 RS 触发器称为同步 RS 触发器或钟控 RS 触发器。

由四个与非门构成的同步 RS 触发器如图 4.3 所示，其中门 G_1、G_2 构成基本 RS 触发器；门 G_3、G_4 构成触发器的控制电路；R、S 为同步输入端，即 R 为同步置 0 端、S 为同步置 1 端，CP 为时钟端。

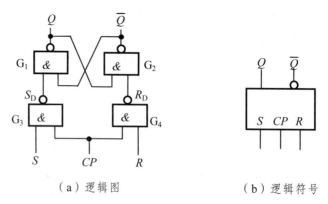

（a）逻辑图　　　　　　　　　　（b）逻辑符号

图 4.3　同步 RS 触发器

2. 工作原理

当 $CP = 0$ 时，门 G_3、G_4 关闭，输出均为 1，由 G_1、G_2 构成的基本 RS 触发器保持原态。当 $CP = 1$ 时，门 G_3、G_4 开启，R、S 信号通过 G_3、G_4 反相后加到由 G_1、G_2 构成的基本 RS

触发器上，使触发器的状态跟随输入状态的变化而变化。所以同步 RS 触发器的触发方式称为电平触发。其真值表如表 4.2 所示。

表 4.2　同步 RS 触发器真值表

S	R	Q^{n+1}	功能说明
0	0	Q^n	保持原态
0	1	0	复位（置 0）
1	0	1	置位（置 1）
1	1	$\times$	禁止输入

由此可见，同步 RS 触发器的状态转换分别由 R、S 和 CP 控制，其中 CP 控制状态转换时刻，即何时发生状态转换由 CP 决定；而状态转换的方向由 R、S 控制，即触发器的次态由（$CP=1$ 期间）R、S 的取值决定。

【例 4-2】已知图 4.3 的输入波形如图 4.4 所示，设触发器的初态为 0，画出触发器的 Q 端和 $\overline{Q}$ 的波形。

解：根据同步 RS 触发器的真值表，对应画出各段输入时的输出波形。

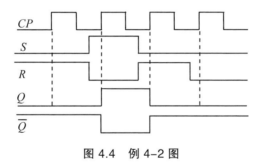

图 4.4　例 4-2 图

同步 RS 触发器虽然有了控制，具有置位（置 1）、复位（置 0）、保持原态（记忆）三种功能，但因存在两个缺点而限制了它的使用。

缺点一：当 $R=S=1$ 时，CP 由 1 变为 0 后触发器的状态是不确定的，使用时必须避免这种状态的出现。

缺点二：有空翻现象，即在一个 CP 作用期间，触发器发生多次翻转的现象称为空翻。在时序电路中，空翻现象也必须避免。克服空翻现象的办法是采用结构比较完善的触发器。

4.2　集成触发器

为了防止空翻，集成触发器大多采用特殊的电路结构，例如边沿触发结构和主从结构，使触发器的状态只可能在 CP 的上升沿或下降沿发生翻转。由于集成触发器的内部结构比较复杂，在此只介绍它们的逻辑符号和逻辑功能。

4.2.1　JK 触发器

JK 触发器一般是采用时钟脉冲 CP 下降沿触发的主从结构或边沿触发结构。该触发器有两个激励输入端 J 和 K，一个时钟输入端 CP。JK 触发器（边沿触发）的逻辑符号如图 4.5 所示、真值表如表 4.3 所示。CP 端的小圆圈表示下降沿触发。

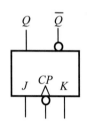

图 4.5 JK 触发器的逻辑符号

表 4.3　JK 触发器的真值表

J	K	Q^{n+1}	功能说明
0	0	Q^n	保持原态
0	1	0	复位（置 0）
1	0	1	置位（置 1）
1	1	$\overline{Q^n}$	计数翻转

集成触发器的逻辑功能描述方法除了用真值表来反映激励信号取值和触发器次态的关系外，还常用状态转换真值表、特征方程、激励表和状态转换图等方式。

1. 状态转换真值表（简称状态表）

状态表是反映激励信号、触发器原态与触发器新态之间关系的一种表格。由 JK 触发器的真值表可得其状态表如表 4.4 所示。

表 4.4　JK 触发器状态表

J	K	Q^n	Q^{n+1}
0	0	0	0
0	0	1	1
0	1	0	0
0	1	1	0
1	0	0	1
1	0	1	1
1	1	0	1
1	1	1	0

2. 特征方程（状态方程）

特征方程是描述触发器逻辑功能的逻辑函数表达式。由表 4.4 通过卡诺图化简得 JK 触发器的特征方程为

$$Q^{n+1} = J\overline{Q^n} + \overline{K}Q^n \tag{4.1}$$

3. 激励表

激励表是在已知触发器状态转换关系的前提下，求出触发器对应的激励信号。激励表一般在时序电路设计中经常用到。由 JK 触发器的真值表反推得到的激励表如表 4.5 所示。

表 4.5 *JK* 触发器激励表

Q^n	Q^{n+1}	J	K
0	0	0	×
0	1	1	×
1	0	×	1
1	1	×	0

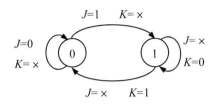

图 4.6 *JK* 触发器状态图

4. 状态转换图（状态图）

状态图是以图形方式描述触发器的逻辑功能，如图 4.6 所示。图中两个圆圈代表触发器的两个状态，箭头表示触发器状态转换的方向，旁边的标注表示触发器状态转换的条件。

【例 4-3】已知图 4.5 的输入波形如图 4.7 所示，设触发器的初态为 0，画出触发器的 Q 端和 $\overline{Q}$ 的波形。

解：首先明确触发器的翻转时机为 CP 的下降沿，所以正对各 CP 的下降沿画虚线，以提示触发器有可能在这些边沿翻转。然后按时间段画波形。画波形时要由 CP 翻转时机到来之前 J、K 的状态，按真值表确定触发器应翻转到什么状态。例如，由于在第一个 CP 下降沿到来之前 $J = K = 1$，所以第一个 CP 下降沿到来后，$Q = 1$，$\overline{Q} = 0$。这个状态一直要保持到第二个 CP 下降沿到来。又由于在第二个 CP 下降沿到来之前 $J = 1$、$K = 0$，所以第二个 CP 下降沿到来后，$Q = 1$（已经为 1），$\overline{Q} = 0$。

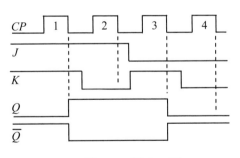

图 4.7 例 4-3 图

综上所述，JK 触发器具有保持、置 0、置 1 和计数翻转功能，它克服了空翻，功能又完善，是目前广泛应用的集成触发器之一。

4.2.2 *T* 触发器

在实际应用中，有时将 JK 触发器的 J 和 K 端相连作为一个输入端使用，并记作 T，则构成 T 触发器。所以 T 触发器是一种具有保持和计数翻转功能的触发器。T 触发器（边沿触发）的逻辑符号如图 4.8 所示，真值表如表 4.6 所示。

将 $J = K = T$ 代入 JK 触发器的特征方程（4.1）中，就可得 T 触发器的特征方程为

$$Q^{n+1} = T\overline{Q^n} + \overline{T}Q^n = T \oplus Q^n \tag{4.2}$$

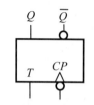

图 4.8　T 触发器的逻辑符号

表 4.6　T 触发器的真值表

T	Q^{n+1}	功能说明
0	Q^n	保持原态
1	$\overline{Q^n}$	计数翻转

【例 4-4】 已知图 4.8 的输入波形如图 4.9 所示，设 T 触发器的初态为 0，画出 T 触发器的 Q 端的波形。

解： 首先明确触发器的翻转时机为 CP 的下降沿，所以正对各 CP 的下降沿画虚线，以提示触发器有可能在这些边沿翻转。然后按时间段画波形。

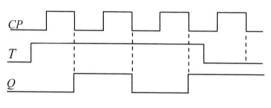

图 4.9　例 4-4 图

画波形时要注意由 CP 翻转时机到来之前 T 的状态，按真值表确定触发器应翻转到什么状态。例如，由于在第一个 CP 下降沿到来之前 T=1，所以第一个 CP 下降沿到来后，Q=1，$\overline{Q}=0$。这个状态一直要保持到第二个 CP 下降沿到来。在第二个 CP 下降沿到来之前 T=1，所以第二个 CP 下降沿到来后，触发器翻转成 Q=0。

从图 4.9 中波形可见，当 T=1 时，每来一个 CP 下降沿，触发器的状态翻转一次，对时钟计数一次。所以 T 触发器特别适合实现计数器。

4.2.3　D 触发器

D 触发器一般采用在 CP 上升沿触发的边沿触发结构，其逻辑符号如图 4.10 所示，真值表和激励表分别如表 4.7、4.8 所示，状态图如图 4.11 所示。若 CP 端无小圆圈，则表示上升沿触发。

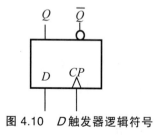

图 4.10　D 触发器逻辑符号

表 4.7　D 触发器的真值表

D	Q^{n+1}	功能说明
0	0	置 0
1	1	置 1

表 4.8 D 触发器的激励表

Q^n	Q^{n+1}	D
0	0	0
0	1	1
1	0	0
1	1	1

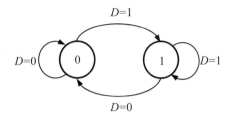

图 4.11 D 触发器的状态图

D 触发器的特征方程为

$$Q^{n+1} = D \qquad\qquad (4.3)$$

【例 4-5】 已知图 4.10 的输入波形如图 4.12 所示，设 D 触发器的初态为 0，画出 D 触发器的 Q 端的波形。

解：根据 D 触发器的真值表，对应画出各段输入时的输出波形。

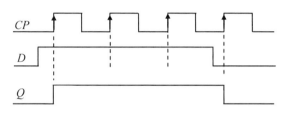

图 4.12 例 4-5 图

注意：此题中触发器的翻转时机为 CP 的上升沿。若触发器逻辑符号的 CP 端有小圈，则触发器的翻转时机为 CP 的下降沿。

可见，当 CP 的上升沿到来后，$Q^{n+1} = D$（上升沿到来时的），即相当于将数据 D 存入了 D 触发器中。因此，D 触发器特别适合于寄存数据。

若将 D 触发器的 $\overline{Q}$ 端与 D 端连接，便构成计数型触发器，简称 T' 触发器。即每来一个 CP 上升沿，触发器的状态翻转一次，对时钟计数一次。其逻辑图和波形如图 4.13 所示。

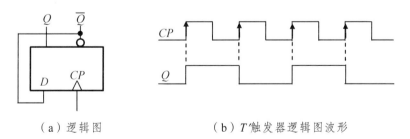

（a）逻辑图　　　　　（b）T' 触发器逻辑图波形

图 4.13 D 触发器构成的 T' 触发器

4.2.4 集成触发器的异步置位端 S_D 和异步复位端 R_D

为了便于给触发器设置确定的初始状态，集成触发器除了具有受时钟 CP 控制的激励输

入端 D、JK 外，还设置了优先级更高的异步置位端 S_D 和异步复位端 R_D。如 TTL 型双 D 触发器 74LS74 就是带有异步端的 D 触发器。其逻辑符号如图 4.14 所示，真值表如表 4.9 所示。

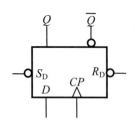

图 4.14　带异步端的 D 触发逻辑符

表 4.9　带异步端 D 触发器的真值表

S_D	R_D	CP	D	Q^{n+1}	功能说明
0	0	×	×	×	禁止使用
0	1	×	×	1	异步置位
1	0	×	×	0	异步复位
1	1	↑	0	0	同步置 0
1	1	↑	1	1	同步置 1

图中 S_D、R_D 端的小圆圈表示低电平有效。从表 4.9 的 D 触发器真值表可见，异步置位端 S_D 或异步复位端 R_D 有效时，触发器的状态就立即被置位或复位，CP 和激励信号都不起作用。只有当异步信号无效时，CP 和激励信号才起作用。所以在这种情况下，画输出波形的方法是：先异步，后同步。即若 $S_D \neq R_D$，则异步端有效，同步端均不起作用；若 $S_D = R_D = 1$，则同步端有效，由 CP 决定触发器的翻转时刻，而触发器的状态由翻转时刻前的 D（或 JK）决定。

【例 4-6】已知图 4.14 的输入波形如图 4.15 所示，画出 D 触发器的 Q 端的波形。

解：根据表 4.9 带异步端 D 触发器的真值表，对应画出各段输入时的输出波形。

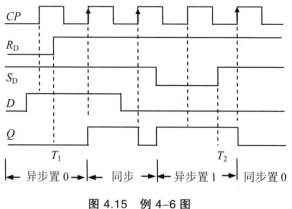

图 4.15　例 4-6 图

需要注意的是：在 T_1 时刻，虽然 R_D 从"0"变为"1"，即异步变为同步，但只要 CP 的上升沿没有到，触发器的状态都保持不变，仍然为"0"，只有 CP 的上升沿到来后触发器才从"0"变为"1"。同理，在 T_2 时刻，虽然 S_D 从"0"变为"1"，即异步变为同步，但只要 CP 的上升沿没有到，触发器的状态都保持不变，这对于初学者最容易出错。

4.3 触发器的实际应用

4.3.1 触发器的参数和指标

因为集成触发器通常都由门电路构成，故其输入输出特性与门电路相似，其参数也大致相近。

触发器的动态特性参数一般以最高时钟频率 f_{max} 表示。它是指将触发器接成计数状态 T' 触发器时，在电路正常翻转条件下，输入时钟脉冲的最高频率。由于时钟触发器中每一级门电路都有传输延迟，因此电路状态改变总是需要一定时间才能完成。而当时钟信号频率升高到一定程度以后，触发器就来不及翻转了。因此，在保证触发器正常翻转条件下，时钟信号的频率有一个上限值，该上限值就是触发器的最高时钟频率。f_{max} 越高，表明触发器的工作速度越快。例如 TTL 型双 D 触发器 74LS74 的 $f_{max} \geqslant 15$ MHz。

其他具体的参数和指标可参阅相关 TTL、CMOS 集成电路手册。

4.3.2 触发器的选用

选用触发器，通常需从逻辑功能、电路结构和制造工艺三个方面做出合理选择，并根据需要从速度、功耗、触发方式等方面综合考虑。

1. 从逻辑功能来选用触发器

若输入信号以单端形式给出，只要触发器具备置 0、置 1 功能，则选择 D 触发器。

若输入信号以单端形式给出，要求触发器具备翻转和保持功能，则选择 T 触发器。由于市场上没有专门的 T 触发器器件，通常选用 JK 触发器改造成 T 触发器使用。若只需要翻转功能，则改造成 T' 触发器。

若输入信号以双端形式给出，要求触发器具备置 0、置 1、保持功能，或兼有翻转功能，则选择 JK 触发器。由于 JK 触发器包含了 RS 触发器的功能，故选用 JK 触发器完全可以满足对 RS 触发器性能的要求。

2. 从电路结构选用触发器

若触发器只用于寄存一位二值信号 0 和 1，而且 $CP = 1$ 期间输入信号保持不变，则可以选用电平触发的同步 RS 触发器，因为一般而言这种触发器简单价廉。

若要求触发器之间具有移位功能，则必须采用主从结构触发器或者边沿触发器。原因是电平触发器存在空翻现象，不能用于串行移位场合。

边沿触发器通常用于 CP 为高（或低）电平期间输入信号不够稳定的场合。

3. 从制造工艺选用触发器

从制造工艺上，触发器可分为 TTL 和 CMOS 两大类。

若要求功耗低，可选用 CMOS 触发器，若要求工作速度高或带载能力强，则宜选用 TTL 触发器。例如 TTL 触发器中有些型号的低电平输出电流可达 20 mA，而 74HC 系列产品的输出电流一般只有 5 mA 左右。

4.3.3　触发器的应用实例

1. 按键式电子开关

图 4.16 为按键式电子开关电路。当按下按钮开关 S_S 使触点闭合时，RS 触发器的 $S_D = 0$，$R_D = 1$，Q 输出为高电平，三极管 T_1 饱和，继电器触点 K 吸合；当松开按钮开关 S_S 后，$S_D = 1$，$R_D = 1$，触发器输出保持高电平不变，继电器的触点仍然保持吸合；当按下按钮开关 S_R 使触点闭合时，RS 触发器的 $S_D = 1$，$R_D = 0$，Q 输出为低电平，三极管 T_1 截止，继电器触点 K 断开。因为继电器的触点可以承受高电压和大电流，所以可以实现对大功率的灯光和电机的控制。

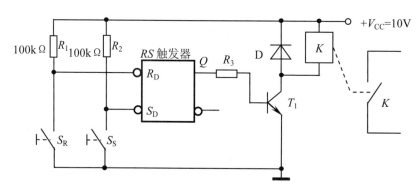

图 4.16　按键式电子开关电路

2. 彩灯控制电路

图 4.17（a）为用两个 JK 触发器构成的彩灯控制电路。在时钟秒脉冲信号作用下，使 F_A、F_B、F_C 三盏灯按图 4.17（b）所示的顺序亮灭。

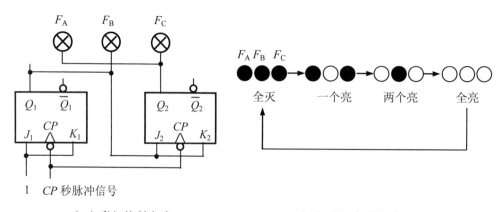

（a）彩灯控制电路　　　　　　　　　　（b）彩灯亮灭顺序图

图 4.17　彩灯控制电路

习题四

4-1 已知各触发器的初态为 0，求如题图 4.1 所示的各触发器新态 Q_1^{n+1} = (   )；Q_2^{n+1} = (   )；Q_3^{n+1} = (   )。

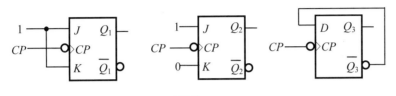

题图 4.1

4-2 设下降沿触发的 JK 触发器的初始状态为 0，试画出如题图 4.2 所示的 JK 触发器在 CP、J、K 信号作用下触发器 Q 端的波形。

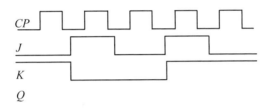

题图 4.2

4-3 设下降沿触发的 JK 触发器的初始状态为 0，试画出如题图 4.3 所示的 JK 触发器在 CP、J、K 信号作用下触发器 Q 端的波形。

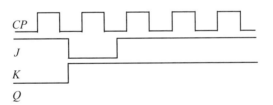

题图 4.3

4-4 设下降沿触发的 D 触发器的初始状态为 0，试画出如题图 4.4 所示的 D 触发器在 CP、D 信号作用下触发器 Q 端的波形。

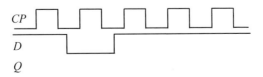

题图 4.4

4-5 设下降沿触发的 D 触发器的初始状态为 0，试画出在如题图 4.5 所示的 CP、D、S_D 和 R_D 信号作用下触发器 Q 端的波形。

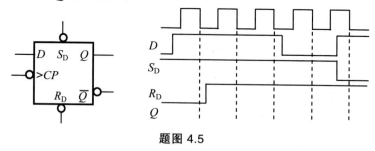

题图 4.5

4-6 试根据给定 CP、J、K、S_D 和 R_D 的波形，画出如题图 4.6 所示带有异步端的 JK 触发器的 Q 端波形。设触发器的起始状态为 $Q = 0$。

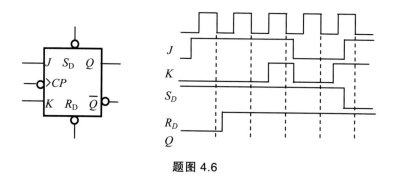

题图 4.6

技能实训四   触发器的基本应用

一、实验目的

（1）熟悉并掌握 RS、D、JK 触发器的构成、工作原理和功能测试方法。

（2）学会正确使用触发器集成芯片。

（3）了解不同逻辑功能 FF 相互转换的方法。

二、实验仪器及材料

（1）双踪示波器   1 台

（2）器件：

74LS00	二输入端四与非门	1 片
74LS74	双 D 触发器	1 片
74LS112	双 JK 触发器	1 片

三、实验内容及步骤

1. 基本 RSFF 功能测试

两个 TTL 与非门首尾相接构成的基本 RSFF 的电路，如图实 4.1 所示 。

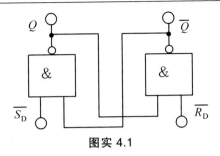

图实 4.1

（1）试按下面的顺序在 $\overline{S_D}$，$\overline{R_D}$ 端加信号：

$$\overline{S_D} = 0 \qquad \overline{R_D} = 0$$

$$\overline{S_D} = 0 \qquad \overline{R_D} = 1$$

$$\overline{S_D} = 1 \qquad \overline{R_D} = 0$$

$$\overline{S_D} = 1 \qquad \overline{R_D} = 1$$

观察并记录 FF 的 Q、$\overline{Q}$ 端的状态，将结果填入表实 4.1 中，并说明在上述各种输入状态下，FF 执行的是什么功能？

表实 4.1

$\overline{S_D}$	$\overline{R_D}$	Q	$\overline{Q}$	逻辑功能
0	1			
1	1			
1	0			
1	1			

（2）$\overline{S_D}$ 端接低电平，$\overline{R_D}$ 端加脉冲。

（3）$\overline{S_D}$ 端接高电平，$\overline{R_D}$ 端加脉冲。

（4）连接 $\overline{S_D}$、$\overline{R_D}$ 并加脉冲。

记录并观察在（2）、（3）、（4）三种情况下，Q、$\overline{Q}$ 端的状态。从中你能否总结出基本 RSFF 的 Q 或 $\overline{Q}$ 端的状态改变和输入端 $\overline{S_D}$、$\overline{R_D}$ 的关系。

（5）当 $\overline{S_D}$、$\overline{R_D}$ 都接低电平时，观察 Q、$\overline{Q}$ 端的状态。当 $\overline{S_D}$、$\overline{R_D}$ 同时由低电平跳变为高电平时，注意观察 Q、$\overline{Q}$ 端的状态。重复 3～5 次看 Q、$\overline{Q}$ 端的状态是否相同，以正确理解"不定"状态的含义。

2. 维持-阻塞型 D 触发器功能测试

双 D 型正边维持-阻塞型触发器 74LS74 的逻辑符号如图实 4.2 所示。

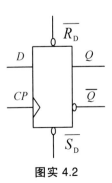

图实 4.2

图中 $\overline{S_D}$，$\overline{R_D}$ 端为异步置 1 端，置 0 端（或称异步置位，复位端）。CP 为时钟脉冲端。试按下面步骤做实验：

（1）令 $\overline{S_D} = \overline{R_D} = 0$，观察并记录 Q，$\overline{Q}$ 端的状态。

（2）令 $\overline{S_D} = \overline{R_D} = 1$，$D$ 端分别接高、低电平，用单脉冲作为 CP，观察并记录当 CP 为 0、↑、1、↓ 时 Q 端状态的变化。

（3）$\overline{S_D} = \overline{R_D} = 1$，$CP = 0$（或 $CP = 1$）。改变 D 端信号，观察 Q 端的状态是否变化？整理上述实验数据，将结果填入表实 4.2 中。

表实 4.2

$\overline{S_D}$ $\overline{R_D}$	CP	D	Q^n	Q^{n+1}
0　1	X	X		
1　0	X	X		
1　1	↑	0		
1　1	↑	1		

（4）令 $\overline{S_D} = \overline{R_D} = 1$，将 D 端和 $\overline{Q}$ 端相连，CP 加连续脉冲，用双踪示波器观察并记录 Q 相对于 CP 的波形。

3. 负边沿 JK 触发器功能测试

双 JK 负边沿触发器 74LS112 芯片的逻辑符号如图实 4.3 所示。自拟实验步骤，测试其功能，并将结果填入表实 4.3 中。

若令 $J = K = 1$ 时，CP 端加连续脉冲，用双踪示波器观察 Q、CP 波形，和 DFF 的 D 和 $\overline{Q}$ 端相连时观察到的 Q 端的波形相比较，有何异同点？

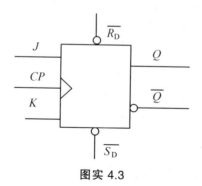

图实 4.3

表实 4.3

$\overline{S_D}$	$\overline{R_D}$	CP	J	K	Q^n	
0	1	X	X	X	X	
1	0	X	X	X	X	
1	1	↓	0	X	0	
1	1	↓	1	X	0	
1	1	↓	X	0	1	
1	1	↓	X	1	1	

4.触发器功能转换

（1）将 D 触发器和 JK 触发器转换成 T 触发器，列出表达式，画出实验电路图。

（2）接入连续脉冲，观察各触发器 CP 及 Q 端波形。比较两者关系。

（3）自拟实验数据表并填之。

四、实验报告要求

（1）整理实验数据并填表。

（2）画出实验中的电路图及相应表格。

（3）总结各类触发器特点。

时序逻辑电路

在各种复杂的数字电路中除了包含能够进行逻辑运算和算术运算的组合逻辑电路外，还需要具有记忆功能的时序逻辑电路。

本章首先介绍时序逻辑电路的分析方法，然后介绍常用时序逻辑单元集成电路——寄存器和计数器模块，最后重点介绍寄存器和计数器模块实际应用。

5.1 时序逻辑电路的分析

5.1.1 时序逻辑电路概述

1. 时序逻辑电路的概念

电路在任意时刻的输出不仅取决于该时刻的输入，而且还与它原来的状态有关，则该电路称为时序逻辑电路，简称时序电路。

2. 时序逻辑电路的组成

时序电路的组成框图如图 5.1 所示。一般说来，时序电路通常包括组合电路和存储电路两部分。

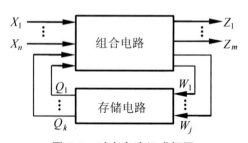

图 5.1 时序电路组成框图

图中 X（$X_1, \cdots, X_n$）——外部输入信号；

Z（Z_1，…，Z_m）——对外输出信号；

W（W_1，…，W_j）——存储电路的激励信号；

Q（Q_1，…，Q_k）——存储电路的输出信号，也是组合电路的部分输入信号。

这些信号之间的关系可用下列三组逻辑方程表示：

① 输出方程组 $Z(t^n) = F[X(t^n)$，$Q(t^n)]$

② 激励方程组 $W(t^n) = G[X(t^n)$，$Q(t^n)]$

③ 次态方程组 $Q(t^{n+1}) = H[W(t^n)$，$Q(t^n)]$

方程①表明：若输出 $Z(t^n)$不仅与该时刻的输入 $X(t^n)$有关，还与电路的现态 $Q(t^n)$有关，通常把这种时序电路称为米里（Mealy）型电路。

如果输出 $Z(t^n)$仅是现态的函数，与输入 $X(t^n)$无关，或者无 X，即方程①变为 $Z(t^n) = F[Q(t^n)]$。则把这种时序电路称为摩尔（Moore）型电路，它是米里型时序电路的特例。

3. 时序逻辑电路与组合逻辑电路的区别

（1）在功能上：组合电路无记忆功能，而时序电路有记忆功能。

（2）在电路结构上：组合电路输出到输入没有反馈，不含任何存储单元的电路；而时序电路输出到输入有反馈通道，可以无组合电路，但存储电路必不可少。

4. 时序逻辑电路的分类

（1）按状态的改变方式不同：分为同步时序电路与异步时序电路。

在同步时序电路中，存储电路的各触发器的时钟 CP 均接在一起，所有触发器是在同一个时钟脉冲控制下改变状态；而在异步时序电路中，存储电路的各触发器没有统一时钟 CP，或者有的触发器没有时钟 CP，触发器是在输入信号（脉冲或电位）控制下改变状态。

（2）按输出 Z 是否直接和输入 X 有关，可分为米里型（Mealy）电路和摩尔型（Moore）电路。

5.1.2 时序逻辑电路的分析

主要介绍小规模集成电路（SSIC）组成的同步时序逻辑电路的分析。目的是由给定电路确定其逻辑功能。即根据已知电路，找出电路的输出及状态在输入信号和时钟信号作用下的变化规律。

1. 分析流程

电路在任意时刻的输出不仅取决于该时刻的输入，而且还与它原来的状态有关，则该电路称为时序逻辑电路，简称时序电路。

（1）列方程组。

根据给定电路，确定每个触发器的激励方程（也称驱动方程），即每个触发器输入信号的函数表达式；将触发器的激励方程代入特征方程，得到触发器的次态表达式，即状态方程；

根据给定电路，写电路输出信号的函数表达式，即输出方程。

（2）列状态表。

根据状态方程（或触发器真值表）和输出方程，列状态转换真值表。

（3）画状态图。

根据状态转换真值表画出状态转换图。

（4）描述功能。

根据电路的状态表或状态图描述电路的逻辑功能。必要时画出工作波形图，也称时序图。

为了便于掌握时序电路的分析步骤，将其分析流程归纳如图 5.2 所示。

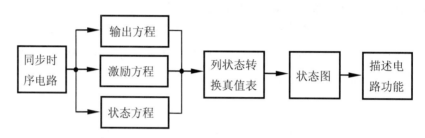

图 5.2　同步时序电路分析流程图

2. 分析举例

【例 5-1】试分析如图 5.3 所示同步时序电路的逻辑功能。

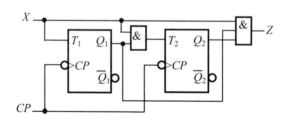

图 5.3　例 5-1 图

解：（1）根据电路写出输出方程和激励方程。

输出方程：$Z = XQ_2Q_1$

激励方程：$T_1 = X$

$$T_2 = XQ_1$$

（2）将激励函数代入 T 触发器的特征方程，得各触发器的状态方程为

$$Q_1^{n+1} = T_1^n \oplus Q_1^n = X^n \oplus Q_1^n$$

$$Q_2^{n+1} = T_2^n \oplus Q_2^n = (X^n Q_1^n) \oplus Q_2^n$$

（3）列状态转换真值表，如表 5.1 所示。

（4）根据表 5.1 画如图 5.4 所示状态图。

表 5.1 例 5-1 的状态转换真值表

输入现态			次态		输出
X^n	Q_2^n	Q_1^n	Q_2^{n+1}	Q_1^{n+1}	Z^n
0	0	0	0	0	0
0	0	1	0	1	0
0	1	0	1	0	0
0	1	1	1	1	0
1	0	0	0	1	0
1	0	1	1	0	0
1	1	0	1	1	0
1	1	1	0	0	1

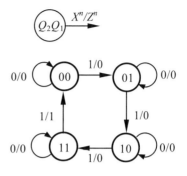

图 5.4 例 5-1 的状态图

（5）功能描述。由状态图可见，当 $X=1$ 时，在 CP 作用下电路状态按 00→01→10→11 →00…顺序转换，其循环周期为 4，且当 11→00 时，输出 $Z=1$ 作为进位信号，可实现四进制加法计数功能；当 $X=0$ 时，停止计数，电路保持原态不变。因此，该电路是一个同步可控四进制（模四）加法计数器。X 为控制端，Z 为进位输出端。当 $X=0$ 时，保持原态；当 $X=1$ 时，实现四进制加法计数。

【例 5-2】试分析如图 5.5 所示同步时序电路的逻辑功能。

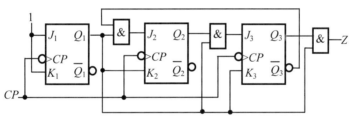

图 5.5 例 5-2 图

解：（1）写出输出方程、激励方程和状态方程。

输出方程：$Z=Q_3Q_1$

激励方程：$J_1=K_1=1$

$$J_2=\overline{Q}_3Q_1 \qquad K_2=Q_1$$

$$J_3=Q_2Q_1 \qquad K_3=Q_1$$

状态方程：$Q_1^{n+1}=\overline{Q}_1^n$

$$Q_2^{n+1}=\overline{Q}_3^n\overline{Q}_2^nQ_1^n+Q_2^n\overline{Q}_1^n$$

$$Q_3^{n+1}=\overline{Q}_3^nQ_2^nQ_1^n+Q_3^n\overline{Q}_1^n$$

（2）列状态转换真值表，如表 5.2 所示。

表 5.2　例 5-2 的状态转换真值表

输入现态			次态			输
$Q_3{}^n$	$Q_2{}^n$	$Q_1{}^n$	$Q_3{}^{n+1}$	$Q_2{}^{n+1}$	$Q_1{}^{n+1}$	Z^n
0	0	0		0	0	1
0	0	1	0	1	0	0
0	1	0	0	1	1	0
0	1	1	1	0	0	0
1	0	0	1	0	1	0
1	0	1		0	0	0
1	1	0	1	1	1	0
1	1	1	0	0	0	1

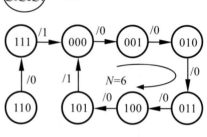

图 5.6　例 5-2 状态图

（3）画如图 5.6 所示状态图。

（4）功能描述。从状态图可见，主循环的状态数为 6，而且 110、111 这两个状态在 CP 的作用下最终也能进入主循环。所以该电路的逻辑功能为：同步自启动六进制加法计数器。

5.2　寄存器

寄存器是一种重要的数字逻辑部件，常用来存放数据、指令等二进制代码。由于一个触发器能寄存一位二进制代码 0 或 1，因此，N 位寄存器用 N 个触发器组成。

寄存器按功能可以分为数码寄存器和移位寄存器。

5.2.1　数码寄存器

在计算机和数字仪表中，常常需要把一些数码或运算结果暂时储存起来，然后根据需要，取出进行处理或进行运算。数码寄存器的功能是：存放数据、指令等二进制代码。

对寄存器中的触发器只要求它们具有置 0、置 1 的功能即可，因而无论是基本 RS 触发器，还是集成触发器都可以组成寄存器。

图 5.7 是用 4 个 D 触发器组成 4 位二进制数码寄存器的实例——74175 的逻辑图、逻辑符号及引脚图，74175 的功能表如表 5.3 所示。

表 5.3　74175 的功能表

清零	时钟	数据输入端				输出			
CLR	CLK	$1D$	$2D$	$3D$	$4D$	$Q_4{}^{n+1}$	$Q_3{}^{n+1}$	$Q_2{}^{n+1}$	$Q_1{}^{n+1}$
0	×	×	×	×	×	0	0	0	0
1	↑	$1D$	$2D$	$3D$	$4D$	$4D$	$3D$	$2D$	$1D$

　　该电路的数码接收过程是：先将需要存储的 4 位二进制数码同时送到各触发器的 D 端，再向 CLK 端送一个时钟脉冲，该脉冲上升沿作用后，数码寄存结束，已存储的 4 位数码同时出现在四个触发器的 Q 端，可以随时提取。由于寄存器在接收数码时，各位数码是同时输入的，而各位输出数码也是同时取出的，故称这种工作方式为并行输入、并行输出的方式。

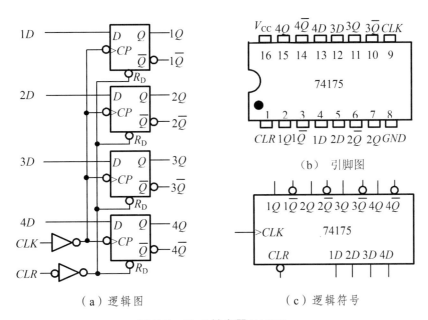

图 5.7　四 D 触发器 74175

5.2.2　移位寄存器

　　移位寄存器除了具有存储数码的功能外，还具有移位功能。所谓移位功能，是指寄存器里存放的数码能在移位脉冲作用下逐次左移或右移，即可以对数码进行串行操作。因此，移位寄存器不但可以用来存放数码，还可以用来实现数据的串行—并行转换、数据的运算及处理等。

1. 单向移位寄存器

　　单向移位寄存器是指具有左移功能或右移功能的移位寄存器。在移位脉冲作用下，存入的数码逐次左移（右移）数据的寄存器称为左移（右移）寄存器。

　　图 5.8（a）是用 D 触发器组成的 3 位单向右移寄存器的逻辑图。该电路的特点是除了第一级 $D_0 = S_R$，其他各级的 $D_i^n = Q_{i-1}^n$，即前级的输出 Q 接后级的输入 D，从而使 $Q_i^{n+1} = Q_{i-1}^n$，每来一个 CP，数据向右移位一次。因此，将该电路称为右移寄存器，S_R 称为右移数据串行输入端。

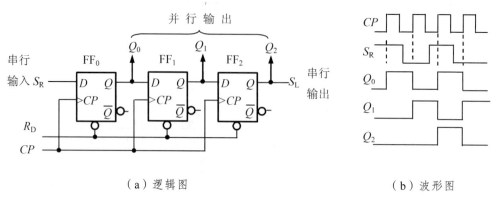

（a）逻辑图 （b）波形图

图 5.8　3 位右移寄存器

设电路初态 $Q_2Q_1Q_0 = 100$，在 $R_D = 0$ 作用下，电路被预置为 $Q_2Q_1Q_0 = 000$ 的状态，当 $R_D = 1$ 时，每当移位脉冲 CP 的上升沿到来时，各触发器的数据依次右移给下一个触发器，而输入数码则移入触发器 FF_0 中。

若输入数码为 101，移位寄存器中数码经 3 个移位脉冲后，101 这 3 个数码全部移入寄存器中，使 $Q_2Q_1Q_0 = 101$，这时 3 个触发器的 $Q_2Q_1Q_0$ 端可以得到并行输出的数码 101，这就是并行输出方式。

如果触发器 FF_2 的 Q 端作为串行输出端，则只要再输入 2 个移位脉冲，3 个数码便可依次从串行输出端送出，这就是串行输出方式。

移位寄存器中数码的移动情况如图 5.8（b）或表 5.4 所示。

表 5.4　移位寄存器中数码的移动情况

时钟 CP	输入 数据	移位寄存器中的数码 Q_0　Q_1　Q_2		
0	1	0	0	0
1	0	1	0	0
2	1	0	1	0
3		1	0	1

单向左移寄存器的工作方式与单向右移寄存器类似，只是数据移动的方向与右移相反。

2. 集成 4 位双向移位寄存器 74194

双向移位寄存器是指在控制端和移位脉冲作用下,数据既可左移又能右移的移位寄存器。

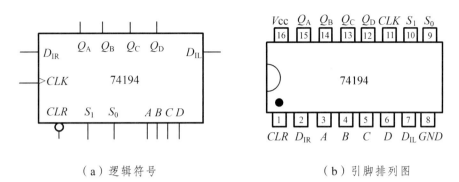

（a）逻辑符号　　　　　　　　（b）引脚排列图

图 5.9　双向移位寄存器 74194

目前已有多种中规模集成移位寄存器，常用的有 4 位和 8 位两种。而且对数码寄存的方式也相当灵活，74194 是一个 4 位双向移位寄存器芯片，它还具有异步清零、同步预置、同步保持、左移、右移功能，其逻辑符号、引脚排列图分别如图 5.9（a）和（b）所示。其中，CLR 为异步清零端，低电平有效，且优先权最高；D_{IR} 为数据右移时的串行输入端，D_{IL} 为数据左移时的串行输入端，$A{\sim}D$ 为数据并行输入端，$Q_A \sim Q_D$ 为数据并行输出端。移位寄存器的工作状态由 S_1 和 S_0 决定。74194 的功能表如表 5.5 所示。

表 5.5　集成 4 位双向移位寄存器 74194 的功能表

控制输入			串入		时钟	预置数				输出				工作模式
CLR	S_1	S_0	D_{IR}	D_{IL}	CLK	A	B	C	D	Q_A^{n+1}	Q_B^{n+1}	Q_C^{n+1}	Q_D^{n+1}	
1	×	×	×	×	×	×	×	×	×	0	0	0	0	异步清零
1	1	1	×	×	↑	A	B	C	D	A	B	C	D	同步预置
1	0	0	×	×	↑	×	×	×	×	Q_A^n	Q_B^n	Q_C^n	Q_D^n	数据保持
1	×	×	×	×										
1	0	1	0	×	↑	×	×	×	×	0	Q_A^n	Q_B^n	Q_C^n	同步右移
			1	×	↑	×	×	×	×	1	Q_A^n	Q_B^n	Q_C^n	
1	1	0	×	0	↑	×	×	×	×	Q_B^n	Q_C^n	Q_D^n	0	同步左移
			×	1	↑	×	×	×	×	Q_B^n	Q_C^n	Q_D^n	1	

从功能表可见 74194 具有以下功能：

（1）异步清零：当 $CLR = 0$ 时，各触发器即刻清零，与其他输入状态及 CP 无关。

（2）同步预置：当 $S_1S_0 = 11$、$CLR = 1$ 时，在 CP 的上升沿作用下，实现置数操作，$Q_AQ_BQ_CQ_D = ABCD$。

（3）保持：当 $S_1S_0 = 00$、$CLR = 1$ 时，不论有无 CP 到来，各触发器状态不变，为保持工作状态。

（4）右移：当 $S_1S_0 = 01$、$CLR = 1$ 时，在 CP 的上升沿作用下，实现右移操作，串行右移时数据是从 D_{IR} 输入到 Q_A，再由 $Q_A{\to}Q_B{\to}Q_C{\to}Q_D$ 方向顺序移动，最后从 Q_D 输出。

（5）左移：当 $S_1S_0 = 10$、$CLR = 1$ 时，在 CP 的上升沿作用下，实现左移操作，串行左移

时数据从 D_{IL} 输入到 Q_D，再由 $Q_D \rightarrow Q_C \rightarrow Q_B \rightarrow Q_A$ 方向顺序移动，最后从 Q_A 输出。

由于数据可以从 D_{IR}（或 D_{IL}）端一个个串行输入，也可以从 $ABCD$ 端同时并行输入，而移位寄存器中的数码可由 $Q_A Q_B Q_C Q_D$ 并行输出，也可从 Q_D（或 Q_A）串行输出。所以，移位寄存器具有串行输入—并行输出、串行输入—串行输出、并行输入—串行输出和并行输入—并行输出四种工作方式。其基本的应用场合如下：

并入—串出：用于将并行数据转换为串行数据（简称为并/串转换）。

串入—并出：用于将串行数据转换为并行数据（简称为串/并转换）。

串入—串出：用于实现串行数据的延时。n 级移位寄存器可以使串行数据延时 n 个时钟周期。

并入—并出：用于实现并行数据的存储。

5.3　计 数 器

计数器在数字系统中使用非常广泛。计数器不仅能用于对输入脉冲（时钟脉冲）计数，实现计数操作功能，还可以用于分频、定时、产生节拍脉冲和脉冲序列以及进行数字运算等。如微机系统中使用的各种定时器和分频电路，电子表、电子钟和交通控制系统中所用的计时电路，本质上都是计数器。

计数器的种类非常繁多。按运算功能可分为加法计数器、减法计数器和可逆计数器。加法计数器是计数数值随输入脉冲个数的增加而递增；减法计数器是计数数值随输入脉冲个数的增加而递减；可逆计数器既可完成加法计数，也可完成减法计数。

按计数器中触发器的时钟是否统一可分为同步计数器和异步计数器。在同步计数器中，各触发器的状态改变与计数输入脉冲同步发生；而在异步计数器中，各触发器的状态改变有先有后，不是同时发生的。

按计数器的进位关系可分为 n 位二进制计数器、十进制计数器和任意进制计数器。

5.3.1　计数器分析

以二进制计数器为例。n 位二进制计数器（简称二进制计数器）是由 n 个触发器构成的，计数进制 $M = 2^n$。所以又称 2^n 进制计数器。

1. 异步二进制加法计数器

异步二进制加法计数器是电路结构最简单的一类计数器。n 个触发器按一定连接规律可构成 2^n 进制计数器。其连接规律如表 5.6 所示。其中 CP_0 为最低位触发器 Q_0 的时钟输入端，CP 为外部时钟（计数脉冲）。

表 5.6　异步二进制加法计数器的连接规律

激励输入	上升沿触发时钟	下降沿触发时钟
均接成计数触发	$CP_0 = CP$，其他 $CP_i = \overline{Q}_{i-1}$	$CP_0 = CP$，其他 $CP_i = Q_{i-1}$

【**例 5-3**】分别用 JK 触发器和 D 触发器构成四进制异步加法计数器，并画出其中一种电路的工作波形和状态图。

解：四进制计数器需要两个触发器，即 $N = 2^2 = 4$。按连接规律表用 JK 触发器和 D 触发器构成四进制异步加法计数器如图 5.10 所示。

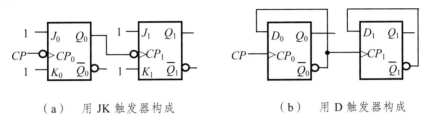

（a）用 JK 触发器构成　　　　（b）用 D 触发器构成

图 5.10　四进制计数器加法计数器

用 JK 触发器构成的四进制异步加法计数器的工作波形如图 5.11（a）所示。

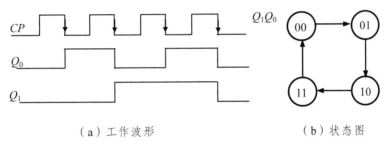

（a）工作波形　　　　　　（b）状态图

图 5.11　四进制异步加法计数器的工作波形和状态图

从图 5.11（a）工作波形可见，若计数输入时钟的频率为 f_{cp}，则 Q_0 和 Q_1 端输出脉冲的频率将依次为 $1/2f_{cp}$ 和 $1/4f_{cp}$。针对计数器的这种分频功能，也把计数器称为分频器。所以，N 进制计数器也可作 N 分频器。

两种计数电路状态图相同，均如图 5.11（b）所示。从状态图可见，该计数器计数循环内包含 4 个状态，每经过 4 个 CP 脉冲，状态按加法顺序循环一次，因此该电路能完成四进制异步加法计数器的功能。

异步二进制计数器的电路简单，级间连接方式根据触发器的触发沿而定，容易掌握，易于理解，这是异步计数器的优点。但异步二进制计数器计数脉冲不是同时加到所有触发器的 CP 端，各级触发器的翻转是逐级进行的，因而工作速度低；有时会因竞争-冒险而产生尖峰脉冲，这是异步计数器的缺点。在实际应用中，大多采用计数速度较高的同步计数器。

2. 同步二进制加法计数器

n 个触发器按一定连接规律可构成 2^n 进制的同步二进制加法计数器。其连接规律如表 5.7 所示。因为是同步计数器，所以各个触发器的 CP 端均接外部时钟 CP（计数脉冲）。

不论是加法计数器还是减法计数器，最低位触发器 Q_0 都工作在计数翻转状态，因此，$T_0 = 1$，$J_0 = K_0 = 1$（D 触发器一般不用来构成同步计数器）。

最低位以外的各个触发器，对于加法计数器，各位触发器在其所有低位触发器 Q 端均为

1 时，激励应为 1，以便下一个 CP 脉冲到来时低位向本位进位。因此，激励 $T_i = J_i = K_i = Q_0 Q_1 \dots Q_{i-2} Q_{i-1}$。

表 5.7　2^n 进制同步计数器的连接规律

触发时钟 CP_i	Q_0 的激励输入	其他 Q_i 的激励输入（$i = 1 \sim n-1$）
各触发器的时钟连在一起，接外部计数脉冲 CP	均接成计数触发：$J_0 = K_0 = 1$，$T_0 = 1$	$T_i = J_i = K_i = Q_0 Q_1 \dots Q_{i-2} Q_{i-1}$

【例 5-4】分别用 JK 触发器构成四进制和十六进制同步加法计数器。

解： 四进制计数器需要两个触发器，即 $N = 2^2 = 4$。按连接规律表用 JK 触发器构成四进制加法同步计数器，如图 5.12 所示。

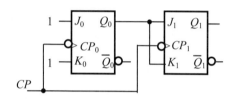

图 5.12　四进制同步加法计数器

八进制计数器需要 3 个触发器，即 $N = 2^3 = 8$。按连接规律表用 JK 触发器构成八进制同步加法计数器，如图 5.13 所示。

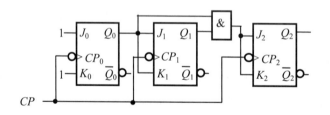

图 5.13　八进制同步加法计数器

5.3.2　集成计数器

前面介绍了用触发器构成计数器的方法，而实际中大多用集成计数器，集成计数器品种型号很多，有同步计数器和异步计数器两类，而且功能完善、价格也较便宜。尤其是同步计数器具有工作速度快，译码后输出波形好等优点，使用广泛。本书只介绍最常见的 4 位二进制同步加法计数器 74161 和 8421BCD 码十进制同步计数器 74160。它们的功能表、惯用逻辑符号和引脚图均相同，分别如图 5.14 和表 5.8 所示。由图可见，74160/1 具有异步清零、同步置数、同步计数和状态保持等功能，功能比较全面。各控制输入端的优先级按由高到低的次序依次为：$\overline{CLR}$、$\overline{LD}$、P 与 T。功能表中的 Q_D 是计数器的最高位，Q_A 是最低位，对于 74161，$CO = TQ_D Q_C Q_B Q_A$；对于 74160，$CO = TQ_D Q_A$。在看功能表时，应抓住两个关键：清零/预置端是同步还是异步、清零/预置是高电平还是低电平有效。若执行清零/预置操作时不需要时钟 *CP*，则为异步；反之，为同步。若执行清零/预置操作是在其为低电平时，则为低电平有效；反之为高电平有效。这两点在后面构成任意进制计数器都很重要。

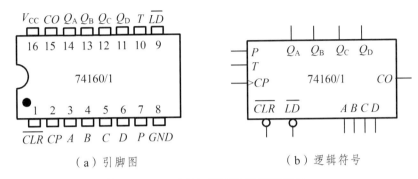

（a）引脚图　　　　　　　（b）逻辑符号

图 5.14　74160/1 引脚图和逻辑符号

表 5.8　74160/1 的功能表

输　入						输　出				工作模式
$\overline{CLR}$	$\overline{LD}$	P	T	CP	$A\,B\,C\,D$	Q_A^{n+1}	Q_B^{n+1}	Q_C^{n+1}	Q_D^{n+1}	
0	×	×	×	×	× × × ×	0	0	0	0	异步清零
1	0	×	×	↑	$A\,B\,C\,D$	A	B	C	D	同步预置
1	1	×	0	×	× × × ×	Q_A^n	Q_B^n	Q_C^n	Q_D^n	数据保持
1	1	0	×	×						
1	1	1	1	↑	× × × ×	加法计数				加法计数

当 74160/74161 工作在计数模式时，其状态图如图 5.15 所示。

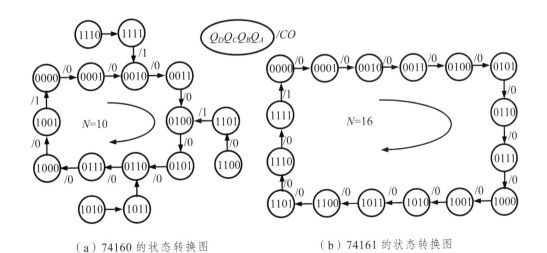

（a）74160 的状态转换图　　　　（b）74161 的状态转换图

图 5.15　74160/1 的状态转换图

5.4 时序逻辑电路的实际应用

5.4.1 寄存器的应用实例

1. 数码寄存器应用——构成四人抢答电路

如图 5.16 所示电路是 4 人（组）参加智力竞赛的抢答电路，电路中主要器件是 4D 触发器 74175。

工作原理如下：

（1）抢答前先按下复位开关清零。$1Q \sim 4Q$ 均为"0"，相应的发光二极管 $LED_1 \sim LED_4$ 都不亮，$1\overline{Q} \sim 4\overline{Q}$ 均为"1"，"与非"门 G_1 输出为"0"，蜂鸣器不响。同时，门 G_2 输出为"1"，将门 G_3 打开，时钟脉冲 CP 可以经门 G_3 加到 D 触发器的 CP 端。此时，由于 $S_1 \sim S_4$ 均未按下，$1D \sim 4D$ 均为"0"，所以触发器的状态不变。

（2）抢答开始。若 S_1 先被按下，即 $1D$ 为"1"，在 CP 作用下 $1Q$ 也变为"1"，相应的发光二极管 LED_1 亮，而 $1\overline{Q}$ 变为"0"，使 G_1 门的输出变为"1"，一方面使蜂鸣器发出响声，另一方面使 G_2 输出为"0"，将门 G_3 关闭。由于时钟脉冲 CP 不能经门 G_3 加到 D 触发器的 CP 端，因此再接着按其他按钮就无效，触发器的状态也不会改变。

（3）抢答结束。按下复位开关清零，为下次抢答做好准备。

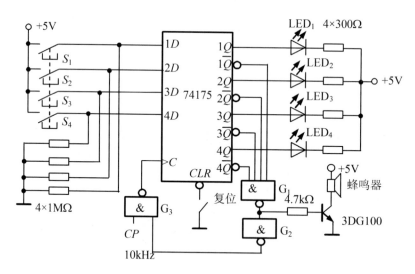

图 5.16 四人抢答电路

2. 移位寄存器应用

（1）实现序列检测器。

利用中规模集成块移位寄存器的串/并转换功能，可以方便地构成各种序列检测器。

如图 5.17 所示是用 74194 构成的"110"序列检测器，74194 工作于右移方式，实现串/并转换，门电路部分用于实现特定序列的提取。当 X 端依次输入 110 时，输出 $Z = 1$，否则 $Z = 0$。因此，输出 $Z = 1$ 表示检测到"110"序列。

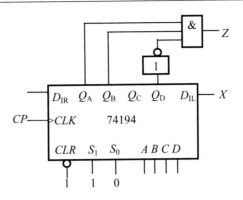

图 5.17　74194 构成的 110 序列检测器

（2）实现移位型序列码发生器。

在数字系统中经常需要一些串行 0-1 码，按一定规律排列并周期性重复的串行 0-1 码称为序列码。一个周期内 0、1 码的个数称为循环长度。能够产生一组或多组序列码的逻辑部件称为序列码发生器。序列码常用做数字系统的同步信号、通信加密信号、程序指令信号或表示信息的开始、结束等。因此，序列码在通信、雷达、遥控、遥测等方面都有广泛的应用。序列码发生器有移位型和计数型两种。具体的设计可参考有关教材。

由移位寄存器 74194 构成的 4 位最长线性序列码发生器如图 5.18（a）所示。其反馈函数 $D_{IR} = Q_A \oplus Q_D$。设电路初态为 $Q_A Q_B Q_C Q_D = 1000$，则其状态转换图如图 5.18（b）所示。从状态图中可见，除 0000 状态之外，其余 15 个状态都在有效循环之中，从 Q_D 输出的序列码是 000111101011001，其循环长度 $M = 2^n - 1 = 2^4 - 1 = 15$，所以把图 10.18（a）电路称为非自启动 4 位最长线性序列（又称 m 序列）码发生器。从 Q_A、Q_B、Q_C 输出的序列码同 Q_D 输出的序列码完全相同，只不过各相邻的输出顺延了一拍而已。因此，m 序列可以从任何一级输出。

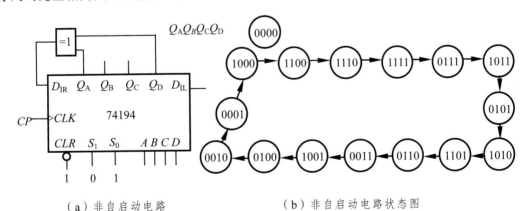

（a）非自启动电路　　　　　（b）非自启动电路状态图

图 5.18　4 位最长线性序列码发生器（非自启动）

为了使电路具有自启动特性，可以通过修改反馈函数让全 0 状态能进入 1000 状态。具体的设计可参考有关教材。

（3）实现移位型计数器。

如果不限制编码类型，可以用移位寄存器构成移位型计数器。移位型计数器有环型计数器、扭环型计数器和变形扭环型计数器三种类型。

① 环型计数器：将移位寄存器的末级输出接到首级数据输入端，所构成的计数器称为环型计数器。n 级移位寄存器可以构成模 n（n 进制）环型计数器。

② 扭环型计数器：将移位寄存器的末级输出取反后，再接到首级数据输入端，所构成的计数器称为扭环型计数器。n 级移位寄存器可以构成模 $2n$（$2n$ 进制）的偶数进制扭环型计数器。

③ 变形扭环型计数器：将移位寄存器的最后两级输出"与非"后，再接到首级数据输入端，所构成的计数器称为变形扭环型计数器。n 级移位寄存器可以构成模 $2n-1$（$2n-1$ 进制）的奇数进制变形扭环型计数器。

环型、扭环型和变形扭环型计数器的基本结构如图 5.19 所示。

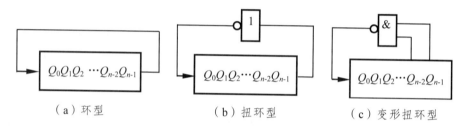

（a）环型　　　　　　　　（b）扭环型　　　　　　（c）变形扭环型

图 5.19　移位型计数器器的基本结构

如图 5.20（a）所示电路是由 74194 构成的环形计数器，若取 $Q_A \sim Q_D$ 中只有一个"1"循环为主循环，首先 $S_1 S_0 = 11$ 时，使 74194 处于同步预置方式，当 CP 到来时，数据输入端 $ABCD = 0001$ 并行置入到寄存器，使其初态 $Q_A Q_B Q_C Q_D = 0001$。随后，$S_1 S_0 = 01$ 使 74194 执行右移操作：由于 $S_R = Q_D = 1$，因此，第 1 个 CP 到来时，寄存器从 $Q_A Q_B Q_C Q_D = 0001$ 右移为 1000；同理，第 2 个 CP 到来后，右移为 0100；第 3 个 CP 到来后，右移为 0010；第 4 个 CP 到来后，右移为 0001，回到初态构成主循环。按照同样的方法可以画出电路完整的状态图如图 5.20（b）所示。它是四进制计数器，所以又称其为环形计数器。

主循环的波形图如图 5.21 所示。从图中可见，正脉冲依次从 4 个输出端 $Q_A \sim Q_D$ 输出，形成了 4 个节拍的节拍脉冲输出，所以该电路又称环形脉冲分配器或节拍发生器。

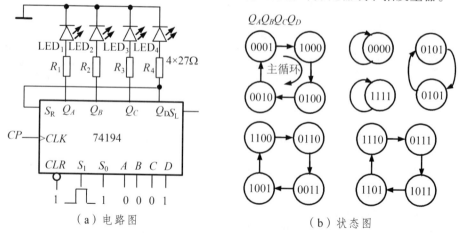

（a）电路图　　　　　　　　　　　（b）状态图

图 5.20　74194 构成环型计数器

若用各个 Q 端控制灯光，就可变成不同组合和旋转反向的发光彩灯。

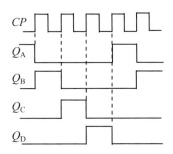

图 5.21　图 5-20 的主循环波形图

5.4.2　计数器的应用实例

1. 计数器的位数扩展

在某些场合，需要模值更大的计数器，可以用多片中规模集成计数器级联实现。两个模 N 的计数器级联，可实现 $M = N×N$ 的计数器。

图 5.22 是由两片 4 位二进制（模为 2^4）同步加法计数器 74161 采用同步级联方法构成的 8 位二进制同步加法计数器，其模为 $16×16 = = 2^8 = 256$。

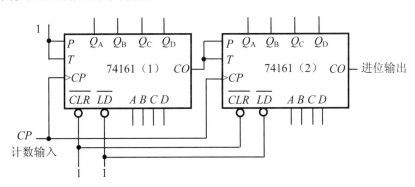

图 5.22　8 位二进制加法计数器

同步级联的特点是：计数脉冲同时送到每片计数器，低位片的进位输出作为高位片的工作状态控制信号（计数器的使能信号），高位片通常工作于保持方式，只有低位片有进位时才工作在计数方式。所以在该图中，两片的 CP 同时接外部计数脉冲，片（1）的 $P = T = 1$，总是工作在计数方式，片（1）是整个计数器的低 4 位；片（1）的 CO 接片（2）的 P 和 T，每当片（1）计到满量 15（1111）时，片（2）的 $P = T = 1$，才符合计数方式的条件，下一个 CP 到达时片（2）计数加"1"，而片（1）回到零，实现了逢 16 进 1，故片（2）是整个计数器的高 4 位。片（2）的 CO 为整个计数器的 CO。

将该图中的 74161 全部换成 74160，构成如图 5.23 所示的由两片 8421BCD 码十进制同步加法计数器 74160 采用异步级联方法构成的 2 位十进制同步加法计数器，其模为 $10×10 = = 10^2 = 100$。异步级联的特点是：每片计数器均按计数方式（即 $P = T = 1$）连接，以低位片的进位输出作为高位片的时钟输入。

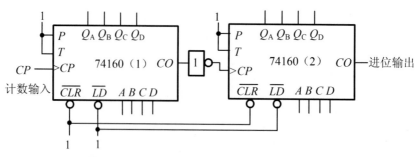

图 5.23　2 位 8421BCD 码十进制加法计数器

在该图中，两片的 $P = T = 1$，都是工作在计数方式，片（1）的 CP 接外部计数脉冲，片（1）先计数，是整个计数器的低位，每当片（1）计到满量 9（1001）时，片（1）的 $CO = 1$，经非门后使片（2）的 $CP = 0$，下一个 CP 到达时片（2）计数加"1"，而片（1）回到零，实现了逢 10 进 1，故片（2）是整个计数器的高位。片（2）的 CO 为整个计数器的 CO。

2. 任意进制计数器的实现

虽然目前常见的中规模计数器芯片的模值 N 是固定的，如十进制、十六进制、7 位二进制、8 位二进制、14 位二进制等，但是通过反馈复位法和反馈置位法可以构成任意进制（M）的计数器。其基本思路是在 N 进制计数器的顺序计数过程中，若设法使之跳过 $N-M$ 个状态，即可得到 M 进制计数器。若 $N>M$，则只需一片 N 进制计数器；若 $N<M$，则要多片 N 进制计数器。

（1）反馈复位（置零）法。

反馈复位（置零）法只适用于有清零输入端的集成计数器。反馈复位（置零）法的基本原理是利用计数器的 $\overline{CLR}$ 端清零功能，当计数器按正常计数规律计到模值 M 时，自动地使触发器直接置零（复位），从而将固定模值（$N = 2^n$ 或 $N = 10$）的计数器修改成 M 进制计数器。所以反馈复位（置零）法的关键是要确定反馈函数 $\overline{CLR}$。

【例 5-5】用 8421BCD 码十进制同步加法计数器 74160 构成六进制计数器。

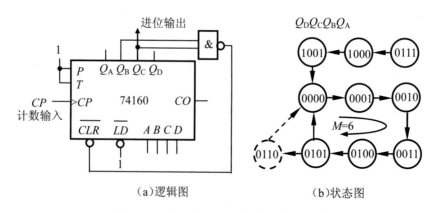

（a）逻辑图　　　　　　　（b）状态图

图 5.24　用反馈复位法构成六进制计数器

解： 因为74160的模 N（$=10$）$>M$（$=6$），故用一片74160即可。

要设计一个六进制计数器，只需在十个状态中跳过 $10-6=4$ 个状态即可。所以问题的关键就是要确定清零端的反馈函数。而74160是异步清零，且为低电平有效，$M=(6)_{10}=(0110)_{8421BCD}$，在计数器从0000到0110的计数过程中，中间两位为"1"的情况是唯一的，故只需将这两个"1"所对应的输出端与非后作为清零端的反馈函数。即清零端的反馈函数为：$\overline{CLR}=\overline{Q_C Q_B}$。其逻辑图和主循环状态转换图如图5.24所示。

需要注意的是：状态0110只在状态图中出现一瞬间，称为过渡态，应将其扣除，所以异步清零时，要构成 M 进制计数器，反馈函数 $\overline{CLR}$ 就由 M 这个状态确定。

虽然反馈清零法比较简单，但存在清零不可靠的缺点。原因是清零低电平太窄，只要有一个触发器先清零，清零低电平就消失。因此克服的办法：加基本 RS 触发器使清零低电平宽度展宽到与计数脉冲高电平宽度相等，足以保证各触发器可靠清零。改进电路如图5.25所示。

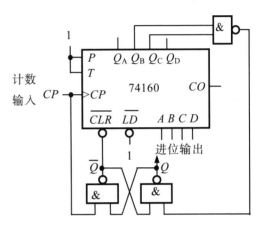

图5.25 图5.24的改进电路

【例5-6】 用8421BCD码十进制同步加法计数器74160构成二十四进制计数器。

解： 因为 $10^1<24<10^2$，所以要用两片74160。利用前面位数扩展的方法，先将两片74160扩展成100（>24）进制的计数器，并将其看成一个整体，再利用反馈复位（置零）法即可得到100以内的任意进制计数器。此方法也称为整体复位（置零）法。

由 $M=(24)_{10}=(00100100)_{8421BCD}$ 得到反馈函数 $\overline{CLR}=\overline{Q_{1C}Q_{2B}}$，其逻辑图如图5.26所示。

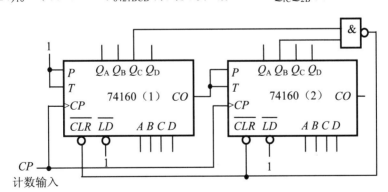

图5.26 二十四进制加法计数器

（2）反馈置位（置数）法。

反馈预置法只适用于有预置数功能的集成计数器。反馈预置法的基本原理是利用预置端和预置输入端的预置作用，让计数器从任意状态顺序计了 $M-1$ 个状态时，预置端为0，再来一个计数脉冲计数器回到所预置的状态，从而跳过 $N-M$ 个状态。所以反馈预置法的关键就是要确定预置控制端（反馈函数）$\overline{LD}$和预置数 $DCBA$。

【例 5-7】用 4 位二进制同步加法计数器 74161 构成六进制计数器。

解： 4 位二进制计数器 74161 有 $N = 16$ 个状态，要构成六进制计数器，要去掉 $16-6 = 10$ 个状态，可以有三种实现方法。

① 去掉后面 10 个状态。

若要用 0000 ~ 0101 这 6 个状态构成六进制计数器，其方法是先定预置数 $DCBA = 0000$，再定预置控制函数 $\overline{LD}$。由于 74161 是同步预置，且为低电平有效，将 $(M-1) = (5)_{10} = (0101)_2$ 所对应的状态译码反馈到 $\overline{LD}$，即 $\overline{LD} = \overline{Q_C Q_A}$。其逻辑图和状态图如图 5.27 所示。

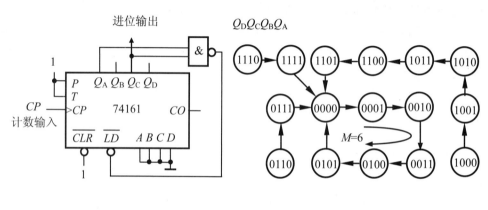

（a）逻辑图   （b）状态图

图 5.27 去掉后面状态的六进制计数器

可见，因为 74161 是同步预置，与反馈清零相比，置零可靠，不需要 *RS* 触发器，而且译码显示电路简单。

② 去掉前面 10 个状态。

若要用 1010 ~ 1111 这 6 个状态构成六进制计数器，方法是先定预置控制函数 $\overline{LD} = \overline{CO}$，再定预置 $DCBA = (N\text{-}M)_{10} = (16\text{-}6)_{10} = (10)_{10} = (1010)_2$。其逻辑图和状态图如图 5.28 所示。

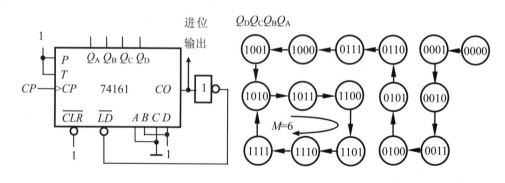

（a）逻辑图   （b）状态图

图 5.28 去掉前面状态的六进制计数器

在如图 5.28 所示电路中，改变预置数 K 就可以改变计数器的进制数 M。其关系为

$$M = 16-K$$

同理，若将如图 5.28 所示电路中的 74161 换成 74160，则 $M = 10-K$。可见，这种计数器可以在不改变电路硬件连线的条件下，通过改变预置数来改变计数器的模，即改变分频器的分频比，因此常把这类计数器称为可编程计数器（分频器）。但与用前面状态的计数器相比其译码显示电路复杂。

若用中间任意 6 个状态进行设计，则译码要用全译码，有兴趣者可以参考相关教材。

【例 5-8】试分析如图 5.29 所示计数器的模值。

解： 由 $(00100100)_2 = (36)_{10}$ 得 $M = 36 + 1 = 37$，即该计数器从 00000000（0）依次加 1 计数，最大计数状态到 00100100（36）时，因为 $\overline{LD} = 0$，在下一个 CP 作用后，计数器通过预置功能又回到预置数 00000000（0），所以其模为 37。

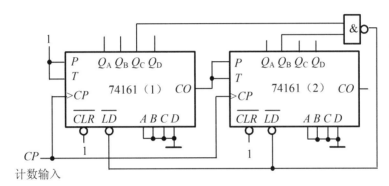

图 5.29 例 5-8 的电路

3. 构成计数型序列码发生器

前面介绍了用移位寄存器可以构成移位型的序列码发生器。用模值等于序列码循环长度 M 的计数器，外配组合电路，即构成计数型的序列码发生器。而且可以产生循环长度相同的一组或多组不同的序列码。其设计步骤是：

（1）设计或选用一个模值为 M 的自启动计数器。

（2）根据计数器的状态转换规律及所要求的序列码，列输出组合函数的真值表。

（3）根据所给器件求输出函数方程。

（4）画逻辑图。

【例 5-9】试用 4 位二进制同步加法计数器 74161 和 8 选 1 数据选择器 74151 产生序列码 1110010。

解： 因为序列码循环长度 $M = 7$，因此，先利用反馈置位法将 74161 构成一个七进制计数器。然后列输出组合函数的真值表如表 5.9 所示；再将计数器的 $Q_C Q_B Q_A$ 分别作为 8 选 1 数据选择器的地址输入，将要产生的列码 1110010 依次加在数据选择器的数据输入端 $D_0 \sim D_6$ 上，D_7 可接 0（或 1），则其逻辑图如图 5.30 所示。

表 5.9　输出组合函数的真值表

Q_C Q_B Q_A	F
0　0　0	1
0　0　1	1
0　1　0	1
0　1　1	0
1　0　0	0
1　0　1	1
1　1　0	0

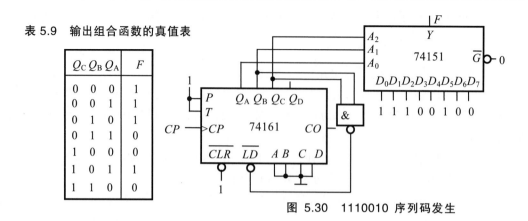

图 5.30　1110010 序列码发生

若将 8 选 1 数据选择器 74151 换成用基本逻辑门实现，则可以通过卡诺图求 F 的最简表达式。

4. 构成数字钟

由计数器构成数字钟的框图如图 5.31 所示。

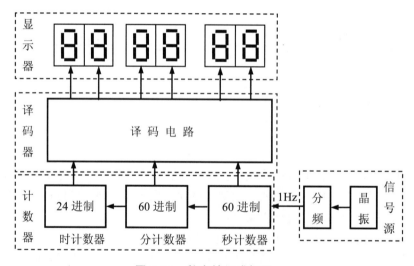

图 5.31　数字钟组成框图

在图 5.31 中石英振荡器产生的振荡信号经分频器分频后获得 1Hz 的秒脉冲信号，数字钟共有三个计数器，分别记录秒、分、时的变化情况。秒、分显示器均由 60 进制的加法计数器和译码显示电路构成，当计数至 59 时，再来一个计数脉冲，计数器复位为零，同时产生一个进位信号。时显示器则由 12 或 24 进制的加法计数器和译码显示电路构成。

5. 计数器其他应用

计数器的应用十分广泛，除构成数字钟之外，还可以组成频率、周期测量电路。

（1）信号频率测量电路的框图如图 5.32 所示，在 $t_1 \sim t_2$ 时间内，取样脉冲为正，与门处于开启状态，输出被测脉冲信号到计数器计数，若在 $t_1 \sim t_2$ 时间内输出脉冲个数为 N，则可计算

出该信号的频率为 $f = N/(t_2 - t_1)$。

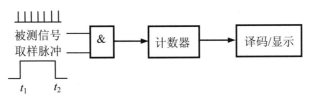

图 5.32　信号频率测量电路的框图

（2）信号脉宽（或周期）测量电路如图 5.33 所示，将基准频率为 1MHZ 的脉冲信号与被测信号同时加至与门，在采样时间 T 内，与门打开，标准信号通过与门送入计数器进行计数，并经译码电路译码后显示。其显示的数值就是以微秒表示的被测信号的脉宽（或周期）。

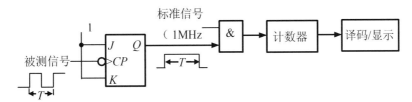

图 5.33　信号脉宽测量电路的框图

习 题 五

5-1　什么是时序电路？时序电路通常由哪几部分组成？

5-2　时序电路与组合电路的区别是什么？

5-3　什么是同步时序电路和异步时序电路？

5-4　什么是摩尔型时序电路和米里型时序电路？

5-5　分析如题图 5.1 所示电路，说明其功能。

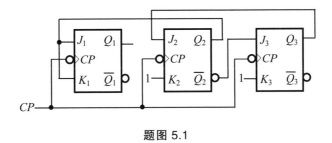

题图 5.1

5-6　分析如题图 5.2 所示电路，说明其功能。

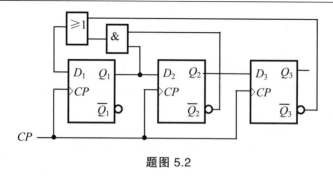

题图 5.2

5-7　分析如题图 5.3 所示 m 序列发生器,画出状态图,当起始状态不是"0000"时,说明输出序列。

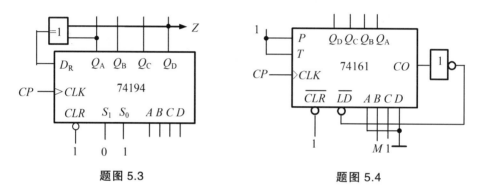

题图 5.3　　　　　　　　　　　　　题图 5.4

5-8　分析由 4 位二进制计数器 74161 构成如题图 5.4 所示电路,求 $M=0$ 和 $M=1$ 时的模值各为多少?

5-9　由 8421BCD 码十进制计数器 74160 构成的计数器如题图 5.5 所示,画出主循环的状态转换图,并说明计数器的模为多少?

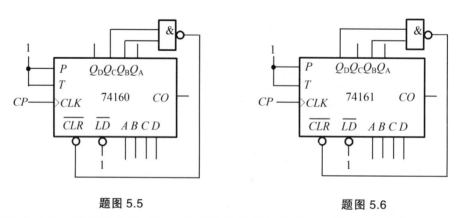

题图 5.5　　　　　　　　　　　　　题图 5.6

5-10　由 4 位二进制计数器 74161 构成的计数器如题图 5.6 所示,画出主循环的状态转换图,并说明计数器的模为多少?

5-11　由 8421BCD 码十进计数器 74160 构成的多位计数器如题图 5.7 所示,分析该计数器的模为多少?若将 74160 换成同步 4 位二进计数器 74161,则该计数器的模又为多少?

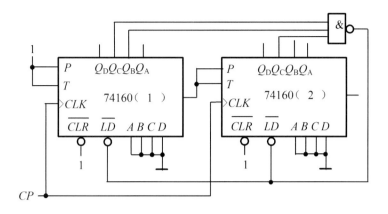

题图 5.7

技能实训五　计数器及其应用

一、实验目的

（1）熟悉计数器、正确使用计数器芯片，熟悉其应用电路。

（2）掌握同步计数器的工作原理及任意进制计数器的实现方法。

二、实验仪器及材料

（1）双踪示波器　　　　　　　　　　　　　1 台

（2）器件：

74LS90	十进制计数器	2 片
74LS00	二输入端与非门	1 片
74LS160	十进制同步计数器	2 片
74LS161	十六进制同步计数器	1 片
74LS00	四 2 输入与非门	1 片
74LS20	四输入双与非门	1 片
CD4520	双十六进制同步计数器	1 片

三、实验内容及步骤

1. 集成计数器 74LS90 功能测试

74LS90 是二—五—十进制异步计数器，其逻辑简图如图实 5.1 所示。

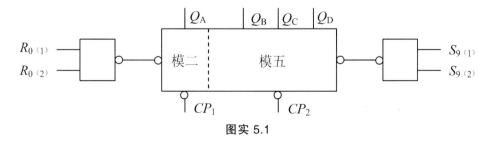

图实 5.1

74LS90 具有下述功能：

· 置 0 端 $R_{0(1)}$、$R_{0(2)}$，置 9 端 $S_{9(1)}$、$S_{9(2)}$。

· 二进制计数（CP_1 输入，Q_A 输出）。

· 五进制计数（CP_2 输入，Q_D、Q_C、Q_B 输出）。

· 十进制计数。两种接法如图实 5.2（a）、图实 5.2（b）所示。

按芯片引脚图分别测试上述功能，并填入表实 5.1、5.2、5.3。

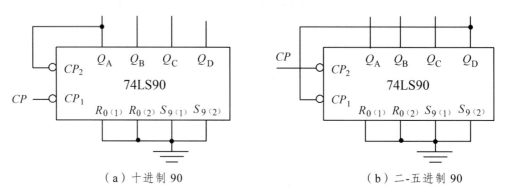

（a）十进制 90   （b）二-五进制 90

图实 5.2

表实 5.1 74LS90 功能表

$R_{0(1)}$	$R_{0(2)}$	$S_{9(1)}$	$S_{9(2)}$	$Q_D Q_C Q_B Q_A$
H	H	L	X	
H	H	X	L	
X	X	H	H	
X	L	X	L	
L	X	L	X	
L	X	X	L	
X	L	L	X	

表实 5.2 二—五混合进制

计数	输出			
	Q_D	Q_C	Q_B	Q_A
0				
1				
2				
3				
4				
5				
6				
7				
8				
9				

表实 5.3　十进制

计数	输出			
	Q_D	Q_C	Q_B	Q_A
0				
1				
2				
3				
4				
5				
6				
7				
8				
9				

2. 计数器芯片 74LS160 / 161 功能测试

74LS160 为同步十进制计数器，74LS161 为同步十六进制计数器。

（1）带直接清除端的同步可预置的计数器 74LS160 / 161 逻辑符号如图实 5.3 所示。

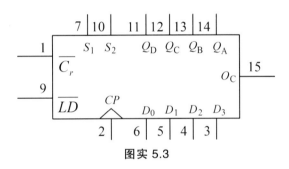

图实 5.3

其中：

$\overline{LD}$：置数端。

$\overline{C_r}$：清零端。

S_1、S_2：工作方式端。

O_C：进位信号。

D_0、D_1、D_2、D_3：数据输入端。

Q_D、Q_C、Q_B、Q_A：输出端。

CP：时钟端。

完成芯片的接线，测试 74LS160 或 74LS161 芯片的功能，将结果填入表实 5.4 中。

表实 5.4

$\overline{C_r}$	S_1	S_2	$\overline{LD}$	CP	芯片功能
0	X	X	X	X	
1	X	X	0	↑	
1	1	1	1	↑	
1	0	1	1	X	
1	X	0	1	X	

（2）74LS160芯片接成如图实5.4所示电路。

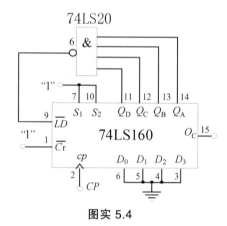

图实 5.4

按图接线，CP用单脉冲输入，Q_D、Q_C、Q_B、Q_A接发光二极管显示。测出芯片的计数长度，并画出其状态转换图。

3. 计数器芯片 CD4520 功能测试

4位二进制同步加法计数器 CD4520 的逻辑符号如图实5.5所示。

其中：CP为时钟端；EN为使能端；R_D为清零端；Q_3、Q_2、Q_1、Q_0为输出端。

完成电路接线，用点动脉冲作为时钟，测试电路的功能。芯片的输出接逻辑指示（发光二极管显示）。将测试的结果填入表实5.5中。

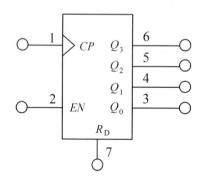

图实 5.5

表实 5.5

R_D	EN	CP	芯片功能
1	x	x	
0	0	x	
0	1	⌐	
0	⌐	0	

注意观察：当 $R_D = 0$ 时，EN 为 1、CP 端加脉冲和 $CP = 0$、EN 端加脉冲时，芯片各实现什么功能？上述两种不同的情况下，电路状态的改变在脉冲沿的什么时刻？

用 CD4520 芯片实现 $M = 9$ 的计数电路，则芯片应怎样连接？而且要求芯片在下降沿触发。

4. 计数器芯片 74LS90 的应用

（1）计数器级连。

分别用 2 片 74LS90 计数器级连成二—五混合进制、十进制计数器。

① 画出连接电路图。

② 按图接线，并将输出端接到数码显示器的相应输入端，用单脉冲作为输入脉冲来验证设计是否正确。

③ 画出四位十进制计数器连接图并总结多级计数级连规律。

（2）任意进制计数器设计方法。

采用脉冲反馈法（称复位法或置位法），可用 74LS90 组成任意模（M）计数器。

图实 5.6 是用 74LS90 实现模 7 计数器的两种方案，图（a）采用复位法。即计数到 M 异步清 0。图（b）采用置位法，即计数到 $M-1$ 异步置 9。

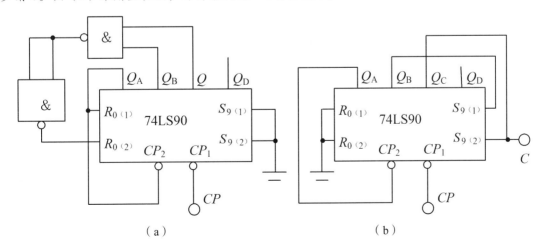

（a）　　　　　　　　　　　　　　　（b）

图实 5.6

当实现十以上进制的计数器时可将多片级连使用。如图实 5.7 所示是 45 进制计数的一种方案。输出为 8421 BCD 码。

① 按如图实 5.7 所示接线，并将输出接到译码器数码管显示。

② 设计一个六十进制计数器并实验验证。

③ 记录上述实验各级同步波形。

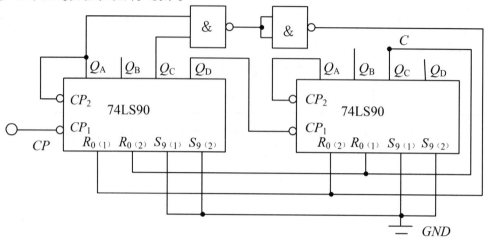

图实 5.7

5. 计数器芯片 74LS160 / 161 的应用

两片 74LS160 芯片构成的同步六十进制计数器计数电路如图实 5.8 所示。按图接线，用单脉冲作为 CP 的输入。74LS160（2）、（1）的输出端 Q_D、Q_C、Q_B、Q_A 分别接实验箱译码显示（七段 LED 数码管）。观察在单脉冲作用下，数码管显示的数字变化。

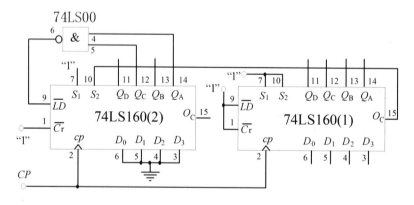

图实 5.8

四、实验报告要求

（1）整理实验内容和各实验数据。

（2）画出实验内容所要求的电路图及波形图。

（3）总结计数器使用特点。

半导体存储器与可编程逻辑器件

半导体存储器是存储信息的器件，用来存放二进制数据、程序等信息，是数字系统中不可缺少的部件。可编程逻辑器件是在半导体存储器基础上发展起来的一种大规模集成电路，它通过对器件内部的编程来改变器件的逻辑功能。可编程逻辑器件主要有半导体存储器、通用阵列逻辑、现场可编程门阵列、在系统可编程逻辑器件等。本章主要介绍这些电路的基本结构、工作原理和初步的开发方法。

6.1 半导体存储器

6.1.1 存储器的基本概念

存储器（Memory）是数字系统用来存储信息（例如数据、文件、程序等）的电路或存储部件。它和寄存器的主要区别在于寄存器一般用来短时间存储信息，犹如车站、码头的小件寄存处；而存储器用来较长时间存储信息，犹如工厂的仓库。寄存器工作速度较快，但集成度较低，容量小而价格高，常用来临时存放少量数据，如 CPU 中的寄存器常用来存储操作数和中间结果；存储器集成度较高，容量大而价格低，但速度略慢，在计算机中常用来存储程序、数据及数表。

在计算机和其他数字系统中，存储器的用量很大。由于计算机要求处理的数据量大、速度快，因此对存储器的存储容量和存取速度的要求越来越高。存储容量和存取速度是评价存储器性能的两个重要指标。

存储器的种类很多，通常根据存储器存储介质的不同分为：磁介质存储器（通常有磁带、磁盘等）、半导体介质存储器（ROM、RAM 等）、光介质存储器（CD-ROM、DVD-ROM 等）。本节主要介绍半导体存储器。半导体存储器以其品种多、容量大、速度快、耗电省、体积小、操作方便、维护容易等优点，在数字设备中得到广泛应用。目前，数码相机、计算机的内存、显示存储器、U 盘、智能家电控制系统等普遍采用了大容量的半导体存储器。

按功能半导体存储器分为两大类：只读存储器 ROM（Read-Only Memory）和随机存储

器 RAM（Random Access Memory）。

6.1.2　随机存取存储器 RAM

RAM 是 Random Access Memory 的缩写，通常称为随机存储器，它的特点是在工作过程中，数据可以随时写入和读出，使用灵活方便，但所存数据在断电后消失。

1. RAM 的一般结构

存储器是一种存放数据的器件，就像存放货物的仓库一样，人们在仓库中存放货物时为了便于存放和拿取，通常将货物所放的位置进行编号，并且留有存放及拿取的通路，存储器的结构也有选择位置的地址、存放数据的存储矩阵、提取数据的输出通路。所以随机存取存储器 RAM 一般由存储单元矩阵、地址译码器及读/写控制电路组成，其结构框图如图 6.1 所示。其中存储单元矩阵由若干存储单元构成，每个存储单元可以存储一位（bit）数据。

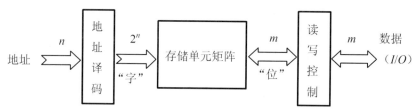

图 6.1　RAM 的一般结构

RAM 器件是按"字"存储信息的，一个"字"中所含的"位"数是由具体的 RAM 器件决定的。每个"字"是按"地址"存放的，也是按"地址"对 RAM 进行读写操作的。存储单元矩阵相当于"楼"，字相当于"房间"，地址相当于"房间号码"，位相当于"床位"，则 RAM 的容量相当于整幢"楼"的总床位数，n 个地址有 2^n 个"字"，而每个字的数据有 m 位，（也是输入/输出数据线 I/O 或位线），所以，存储器 RAM 的存储容量为

$$容量 = 字数 \times 位数（字长）= 2^n \times m$$

存储器容量是反映存储器存储能力的指标。在计算机中，1 位称为 1 比特（bit），把 8 位二进制数称为 1 个字节（Byte）。由于存储器中存储单元的数目很大，把 $2^{10} = 1024$ 个存储单元称为 1K，$2^{20} = 1024K = 1M$，$2^{30} = 1024M = 1G$。

如某 RAM 芯片有 12 条地址线和 8 条数据线，可以寻址 $2^{12} = 4096 = 4K$ 个存储单元，存储容量为 $4K \times 8$ 位，也可以说是 32K 位或 32K 比特。对应的地址范围用二进制数表示为 000000000000B~111111111111B，用十六进制数表示为 000H~FFFH。

按工作原理 RAM 的存储单元可分为静态 RAM 和动态 RAM 两种：

（1）静态 RAM（简称 SRAM）的结构类似于 ROM，只是它的存储单元是由双稳态触发器来记忆信息的，这种存储单元在数据被读出后仍能保持原来的状态，它的读出是非破坏性的，存储的数据在不断电的情况下可以长期保持不变、可反复高速读写。SRAM 主要用于速度要求比较快的器件，如显示卡的内存。

（2）动态 RAM（简称 DRAM）的存储单元，是利用集成电路中 MOS 管寄生电容的电荷

存储效应来存储数据的，由于这些电容的容量小、且电容上的电荷会慢慢泄放，经过一段时间（通常是几 ms）存储的数据就会丢失，为了维持电容上记忆的信息，必须及时给电容补充电荷，即定时刷新。所以动态 RAM 在使用上不如静态 RAM 方便，但它的集成度比静态 RAM 高，且价格相对较低。DRAM 主要用于容量要求比较大的器件，如计算机的内存条。

SRAM 和 DRAM 在去掉电源后，所存的信息就丢失了，即不能长期保存信息。

地址译码器的作用是把 n 根地址线译码成 2^n 条字线输出，根据地址去选择相应的存储单元，以便读出或写入其所存的数据。

读/写控制首先利用片选端 $\overline{CS}$（有些芯片标 $\overline{CE}$）来确定芯片是被选中处于正常工作状态，还是未被选中不工作。未选中时，输入/输出端处于高阻态。当存储器被选中时，由读写控制端 $R/\overline{W}$ 决定该存储器处于写入数据还是读出数据的工作状态。即数据的传输方向。

2. 集成 RAM

集成 RAM 的种类有很多。静态 RAM 如 2114（容量为 1k×4）、6116（2k×8）；动态 RAM 如 4116（16k×1）、4164（64k×1）、6264（8k×8）。下面以 MOTOROLA 公司生产的 MCM6264 为例，说明 RAM 的使用情况。图 6.2 为 MCM6264 的管脚图。其中 $A_{12} - A_0$ 为 13 根地址线，容量 $2^{13} \times 8$ bit；$DQ_7 \sim DQ_0$ 为 8 位写入读出数据线；$E1$、$E2$ 为片选端；G、W 为读写控制端。表 6.1 为功能表。

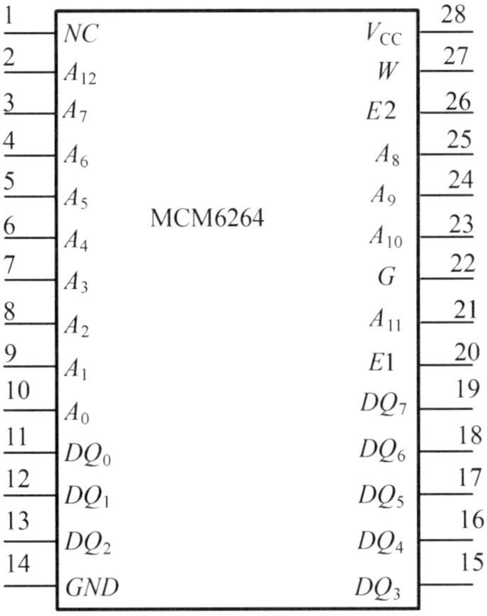

图 6.2　MCM6264 管脚图

表 6.1　MCM6264 的功能表

$E1$	$E2$	G	W	方　式	I/O
H	$\times$	$\times$	$\times$	无选择	高阻态
$\times$	L	$\times$	$\times$	无选择	高阻态
L	H	H	H	输出禁止	高阻态
L	H	L	H	读	DO
L	H	$\times$	L	写	DI

存储器在使用过程中如果容量不够，可以进行扩展。

3. RAM 存储容量的扩展

实际使用时，常常需要扩展存储器的容量。有时可能是存储器的单元数（字数）不够，有时可能是存储器的数据位数（字长）不够，有时可能是两者均不够。扩展存储器的单元数称为字扩展，扩展存储器的数据位数称为位扩展，两者均扩展称为字，位同时扩展。

（1）位扩展。

位扩展用于 RAM 芯片的字长小于系统要求的场合。位扩展时只需要将字数符合要求的多个相同的芯片并联即可，即将各片的地址线共用、读/写控制线共用、片选线共用、数据线并行操作。

图 6.3 是用二片 1024×2 位 RAM 扩展成 1024×4 位 RAM 的例子。

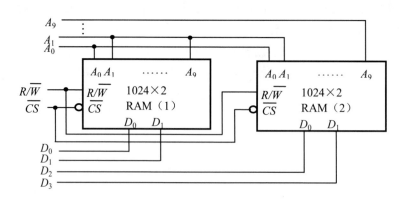

图 6.3　二片 1024×2 位 RAM 扩展成 1024×4 位 RAM

（2）字扩展。

字扩展用于 RAM 芯片的字数小于系统要求的场合。由于地址线用于对字寻址，字扩展时需要增加地址线，每增加一位地址，可寻址存储单元（字数）就增加一倍。所以字扩展时只需要将字数符合要求的多个相同的芯片并联即可，即将各片的地址线共用、读/写控制线共用、数据线共用、新增加的地址经译码后作片选线。

图 6.4 是用 2 片 256×4 位 RAM 扩展成 512×4 位 RAM 的例子。RAM（1）中存储单元的十进制地址范围是 0~255，RAM（2）的地址范围是 256~511。

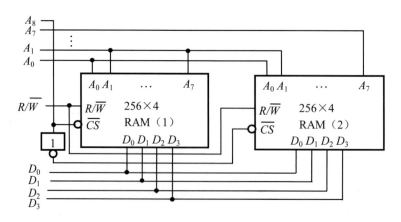

图 6.4　用 2 片 256×4 位 RAM 扩展成 512×4 位 RAM

（3）字、位同时扩展。

字、位同时扩展用于字长和字数都小于系统要求的场合，只要将上述两种方法结合起来就可以实现字、位的同时扩展。图 6.5 是用 8 片 256×4 位 RAM 扩展成 1024×8 位 RAM 的例子。

在图 6.5 中，由于字数是单片的 4 倍，所以地址线比单片寻址多了两条（A_9 和 A_8），这两条高位地址线通过 2 线-4 线译码器译码后产生 4 组 RAM（每组两片构成位扩展结构）的选通信号。扩展后的存储器地址分配如下：

地址 0~255 对应的存储单元在片 1 和片 2 中，地址 256~511 对应的存储单元在片 3 和片 4 中，地址 512~767 对应的存储单元在片 5 和片 6 中，地址 768~1023 对应的存储单元在片 7 和片 8 中。

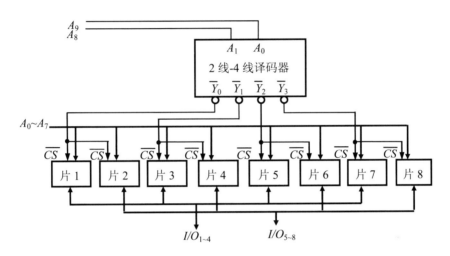

图 6.5　用 8 片 256×4 位 RAM 扩展成 1024×8 位 RAM

6.1.3　只读存储器 ROM

这种存储器存入数据后，断电信息也不丢失，且在正常运行时只读不写，故称为只读存储器，简称 ROM。ROM 主要用于工作时不需要修改内容、断电后不能丢失信息的场合，例如在计算机中用作存放程序和常数表等固定数据。

1. ROM 的一般结构

ROM 也是按"字"存储信息的，以字为单位读出数据，每个字按其空间位置都有一个固定的编号，这个号码称为只读存储单元的地址码，简称地址。因此，ROM 的基本结构框图应包含地址译码器、存储单元矩阵和输出缓冲器三部分，如图 6.6 所示。

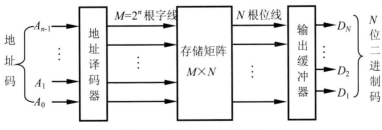

图 6.6　ROM 的结构框图

地址译码器是一个具有 n 个输入、2^n 个输出（"1"有效）的变量译码器，地址译码器的 2^n 根输出线称为字线或地址线，当地址译码器选中某个字后，该字的若干位同时读出。

2. ROM 的分类

ROM 按其内容写入方式，分为以下五种：

（1）固定 ROM。

这种 ROM 是采用掩模工艺制作的，其内容在出厂时已按要求固定，用户无法修改。由于固定 ROM 所存信息不能修改，断电后信息不消失，所以常用来存储固定的程序和数据。如在计算机中，用来存放监控、管理等专用程序。

（2）可编程 PROM。

PROM（Programmable ROM）是可一次编程 ROM。这种存储器在出厂时未存入数据信息。单元可视为全"0"或全"1"，用户可按设计要求将所需存入的数码"一次性地写入"，一旦写入后就不能再改变了。这种 PROM 在每一个存储单元中 都接有快速熔断丝，在用户写入数据前，各存储单元相当于存入"1"。写入数据时，将应该存"0"的单元，通以足够大的电流脉冲将熔丝烧断即可。哪些熔丝烧断，哪些保留，可用熔丝图表示。在其他没有熔丝结构的存储器中，也沿用熔丝图这一名词。

（3）擦除可编程 EPROM。

为了克服 PROM 只能写入一次的缺点，又出现了可多次擦除和编程的存储器。这种存储器在擦除方式上有两种，一种是电写入紫外线擦除的存储器 EPROM（Erasable Programmable Read-Only Memory）。另一种是电写入电擦除的存储器，称为 EEPROM 或 E^2 PROM（Electrically Erasable Programmable Read-Only Memory）。

EPROM 内容的改写不像 RAM 那么容易，在使用过程中，EPROM 的内容是不能擦除重写的，所以仍属于只读存储器。要想改写 EPROM 中的内容，必须将芯片从电路板上拔下，将存储器上面的一块石英玻璃窗口对准紫外灯光照数分钟，使存储的数据消失。数据的写入可用软件编程，生成电脉冲来实现。

EPROM 存储器之所以可以多次写入和擦除信息，是因为采用了一种浮栅雪崩注入 MOS 管 FAMOS（Floating gate Avalanche injection MOS）来实现的。FAMOS 的浮动栅本来是不带电的，所以在 S、D 之间没有导电沟道，FAMOS 管处于截止状态。如果在 S、D 间加入 10-30V 左右的电压使 PN 结击穿，这时产生高能量的电子，这些电子中的一部分有能力穿越 SiO2 层而驻留在多晶硅构成的浮动栅上。于是浮栅被充上电荷，在靠近浮栅表面的 N 型半导体形成导电沟道，使 MOS 管处于长久导通状态。FAMOS 管作为存储单元存储信息，就是利用其截止和导通两个状态来表示"1"和"0"的。

要擦除写入信息时，用紫外线照射氧化膜，可使浮栅上的电子能量增加从而逃逸浮栅，于是 FAMOS 管又处于截止状态。擦除时间大约为 10～30 分钟，视型号不同而异。为便于擦除操作，在器件外壳上装有透明的石英盖板，便于紫外线通过。在写好数据以后应使用不透明的纸将石英盖板遮蔽，以防止数据丢失。

（4）电可擦除可编程 E^2PROM。

EPROM 要改写其中的存储内容，需要放到紫外线擦除器中进行照射，使用起来不太方便。E^2PROM（Electrically Erasable Programmable Read-Only Memory）是一种电写入电擦除的只读存储器，擦除时不需要紫外线，只要用加入 10ms 、20V 左右的电脉冲即可完成擦除操作。擦除操作实际上是对 E²PROM 进行写"1"操作，全部存储单元均写为"1"状态，编程时只要对相关部分写为"0"即可。

E²PROM 之所以具有这样的功能，是因为采用了一种浮栅隧道氧化层 MOS 管（Floating gate Tunnel Oxide，Flotox）。在 Flotox 管的浮栅与漏区之间有一个 20 nm 左右十分薄的氧化层区域，称为隧道区，当这个区域的电场足够大时，可以在浮栅与漏区出现隧道效应，形成电流，可对浮栅进行充电或放电。放电相当写"1"，充电相当写"0"。所以 E²PROM 使用起来比 EPROM 方便得多，改写重新编程也节省时间。

（5）快闪存储器 Flash Memory。

快闪存储器 Flash Memory 是新一代 E²PROM，它具有 E²PROM 擦除的快速性，结构又有所简化，进一步提高了集成度和可靠性，从而降低了成本。目前除了各种快闪存储器的产品面世外，快闪存储器还向其他应用领域拓展，例如现在已经出现了应用于计算机上的可移动磁盘，以代替软磁盘。快闪存储器磁盘的容量大的已经做到几十 G，大小只相当一只普通的打火机，它采用 USB 口，可以带电插拔，工作速度快，使用十分方便。可以预见 Flash Memory 的进一步完善，有可能取代计算机的硬盘，更新和诞生许多电子产品。

3．集成 ROM

在集成只读存储器中，最常用的是 EPROM， EPROM 有 2716、2732、2764、27128 等型号。存储容量分别为 $2k \times 8$、$4k \times 8$、$8k \times 8$、$16k \times 8$ 个单元，型号 27--后面的数字即为以千位计的存储容量。下面以 EPROM2764 为例说明它的 5 种工作方式，见表 6.2。管脚引线如图 6.7 所示，共有 28 个管脚，除电源 V_{CC} 和地 GND 外，$A_{12} \sim A_0$ 为地址译码器输入端，数据输出端有 8 位，用 $I/O_0 \sim I/O_7$ 表示，共有 2^{13} 条字线，8 条位线，存储容量为 $2^{13} \times 8$。$\overline{CE}$ 是片选端，$\overline{CE} = H$ 时 2764 的输出为高阻，与总线脱离；$\overline{PGM}$ 为编程脉冲输入线；$\overline{OE}$ 数据输出选通线；$V_{CC} = 5V$ 时，工作电流约 100 mA，维持电流 50 mA；V_{PP} 编程电源，编程时 25 V，读出时 $V_{PP} = 5 V$。

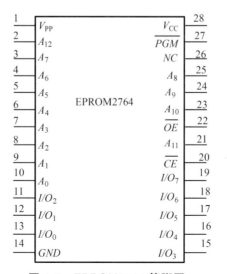

图 6.7　EPROM2764 管脚图

EPROM 擦除需专用设备，写入时需要较高的电压，更改存储的数据不太方便。而 E^2PROM 在写数据时不需要升压，电擦除所需时间也很短（几十毫秒），型号如 2815/2816 和 58064 等。

表 6.2　EPROM2764 的工作方式

工作模式	$\overline{CE}$(20)	$\overline{OE}$(22)	$\overline{PGM}$(27)	V_{PP}(1)	V_{CC}(28)	输出 (11-13,15-19)
读　出	U_{IL}	U_{IL}	U_{IH}	V_{CC}	V_{CC}	BOUT
维　持	U_{IH}	任意	任意	V_{CC}	V_{CC}	高阻
编　程	U_{IL}	U_{IH}	U_{IL}	V_{CC}	V_{CC}	DIN
编程检验	U_{IL}	U_{IL}	U_{IH}	V_{CC}	V_{CC}	DOUT
编程禁止	U_{IH}	任意	任意	V_{CC}	V_{CC}	高阻

6.2　可编程逻辑器件

随着科技的发展，集成电路生产工艺水平的提高，数字电路的集成度越来越大，从小规模（SSIC）、中规模（MSIC）、大规模集成电路（LSIC）发展到超大规模集成电路（VLSIC）。品种也越来越多，如果从逻辑功能的特点上将数字电路分类，则可以分为通用型和专用型两类。前面讲到的 54/74 系列及 CC4000 系列、74HC 系列都属于通用型数字集成电路。它们的集成度较低，逻辑功能固定，难于改变，通用型数字集成电路在组成复杂数字系统时经常要用到。

从理论上讲，用这些通用型的中、小规模集成电路可以组成任何复杂的数字电路系统，但如果能把所设计的数字系统做成一片大规模集成电路，则不仅能减小电路的体积、重量、功耗，而且会使电路的可靠性大为提高。这种为某种专门用途而设计的集成电路称为 ASIC（Application Specific Integrated Circuit，专用集成电路）。但是随着微电子技术的发展，设计与制造集成电路的任务已不完全由半导体厂商独立承担。这是由于定制的 ASIC 芯片要承担一定的设计风险，制造周期较长，成本高，从而延迟了上市时间。

可编程只读存储器（PROM）、可擦除可编程只读存储器（EPROM）是最基本的可编程逻辑器件（Programmable Logic Device，缩写 PLD），同时半导体存储器也在不断发展。在半导体存储器基础上发展起来还有通用阵列逻辑 GAL（Generic Array Logic），现场可编程门阵列 FPGA（Field Programmable Gate Array）和在系统可编程逻辑器件 ISP-PLD（In Sytem Programmable PLD）等。

这些可编程逻辑器件的出现，解决了 ASIC 的缺欠。PLD 是标准器件，在使用前其内部是"空的"，用一定的方式对其编程，可将其配置成特定的逻辑功能，有许多品种可反复修改，使得产品设计变得容易，降低了设计的风险，缩短了上市时间。

6.2.1　PLD 概述

可编程逻辑器件 PLD 出现于 20 世纪 70 年代，是一种半定制逻辑器件，它为用户最终把自己所设计的逻辑电路直接写入到芯片上提供了物质基础。

使用这类器件可及时方便地研制出各种所需的逻辑电路，并可重复擦写多次，因而它的应用越来越受到重视，上节存储器中介绍的 PROM 、 EPROM 、E^2PROM 皆属于可编程逻辑器件。

可编程逻辑器件大致经历了从 PROM、PLA、PAL、GAL、EPLD、FPGA、CPLD 的发展过程，在结构、工艺、集成度、功能、速度和灵活性方面都有很大的改进和提高。

可编程逻辑器件大致的演变过程如下：

（1）20 世纪 70 年代初，熔丝编程的可编程只读存储器 PROM（Programmable Read Only Memory）和可编程逻辑阵列 PLA（Programmable Logic Array）是最早出现的可编程逻辑器件，其内部结构由与阵列和或阵列组成，其中 PROM 是与阵列固定，或阵列可编程，而 PLA 是与阵列、或阵列均可编程，但这两种器件采用熔断丝工艺，一次性编程使用。它可以用来实现任何积之和形式表示的各种组合逻辑函数。

（2）20 世纪 70 年代末，AMD 公司推出了可编程阵列逻辑 PAL（Programmable Array Logic）器件。在 PAL 器件中，与阵列是可编程的，或阵列是固定连接的，它有多种输出和反馈结构，为数字逻辑设计带来了一定的灵活性。但 PAL 仍采用熔断丝工艺，一次性编程后就不能再改写。另外，还要根据不同的需要选择不同输出的器件，仍给用户带来诸多不便。

（3）20 世纪 80 年代初，Lattice 公司在 PAL 器件基础上首先生产出了可电擦写的、比 PAL 使用更灵活的通用阵列逻辑 GAL（Generic Array Logic）器件，并取代了 PAL。和 PAL 一样，它的与门阵列是可编程的，或门阵列是固定的。但由于采用了高速电可擦 CMOS 工艺，可以反复擦除和改写，很适宜于样机的研制。它具有 CMOS 低功耗特性，且速度可以与 TTL 可编程器件相比。特别是在结构上采用了"输出逻辑宏单元"电路，为用户提供了逻辑设计和使用上的较大灵活性。

（4）20 世纪 80 年代中期，Xilinx 公司提出了现场可编程的概念，同时生产出了世界上第一片现场可编程门阵列 FPGA（Field Programmable Gate Array）器件。FPGA 采用一种逻辑门单元结构，逻辑门单元之间是互连阵列，这些资源可由用户编程。FPGA 属于较高密度的 PLD 器件。同一时期，Altera 公司推出了可擦除、可编程逻辑器件 EPLD（Erasable PLD），它比 GAL 具有更高的集成度，可以用紫外线或电擦除。

（5）20 世纪 80 年代末，Lattice 公司又提出了在系统可编程 ISP（In-System Programmability）的概念，并推出了一系列具有在系统可编程能力的复杂可编程逻辑器件 CPLD（Complex PLD）器件。此后，其他 PLD 生产厂家都相继采用了 ISP 技术。

在系统可编程（ISP）是指用户具有在自己设计的目标系统中或线路板上为重构逻辑而对逻辑器件进行编程或反复改写的能力。ISP 技术为用户提供了传统的 PLD 技术无法达到的灵活性，常规 PLD 在使用中通常是先编程后装配。而采用 ISP 技术的 PLD，则是先装配后编程，且成为产品之后还可反复编程。ISP 器件的出现，从实践上全面实现了硬件设计与修改的软件化，使得数字系统的设计面貌焕然一新。也就是说，硬件设计变得像软件一样易于修改，硬件的功能可以随时进行修改，或按预定程序改变组态进行重构。这不仅扩展了器件的用途，缩短了系统调试周期，而且还根除了对器件单独编程的环节，省去了器件编程设备，简化了目标设备的现场维护和升级工作，带来了巨大的时间效益和经济效益，是可编程逻辑技术的实质性飞跃，因此被称为 PLD 设计技术的一次革命。

进入 20 世纪 90 年代后，可编程逻辑器件的发展十分迅速。主要表现为三个方面：一是规模越来越大；二是速度越来越高；三是电路结构越来越灵活，电路资源更加丰富。目前已经有集成度在 300 万门以上、系统频率为 100MHZ 以上的 PLD 供用户使用，在有些可编程逻辑器件中还集成了微处理器、数字信号处理单元、存储器模拟电路模块、数模混合信号模块和射频处理器（RF）等功能模块。这样，一个完整的数字系统甚至仅用一片可编程逻辑器件就可以实现，即所谓的片上系统 SOC（System On Chip）。

6.2.2　PLD 的分类

常见的可编程逻辑器件有 PROM、PLA、PAL、GAL、EPLD、CPLD 和 FPGA 等。

1. 按集成度分类

按集成度可将其分为低密度可编程逻辑器件 LDPLD 和高密度可编程逻辑器件 LHDPLD。如图 6.8 所示。

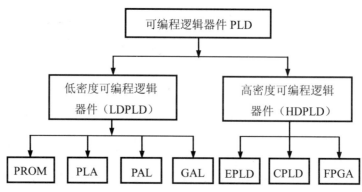

图 6.8　可编程逻辑器件的集成度分类

根据与门阵列、或门阵列和输出结构的不同，低密度的 PLD 可分为 4 种基本类型：PROM、PLA、PAL 和 GAL。它们的结构特点如表 6.3 所示。

PROM 是由固定的与阵列和可编程的或阵列组成。当与阵列有 n 个输入时，就会有 2^n 个输出（全译码输出），即要有 2^n 个 n 输入的与门存在。由于 PROM 是直接利用未经化简与或表达式的每个最小项来实现的，因而在门的利用率上常常是不经济的。PROM 阵列的全译码功能更适合于作为存储器使用，现在很少作为 PLD 来使用。

表 6.3　4 种 PLD 器件的区别

器件外	与阵列	或阵列	输出电路
PROM	固定	可编程	固定

续表 6.3

器件外	与阵列	或阵列	输出电路
PLA	可编程	可编程	固定
PLA	可编程	固定	固定
GAL	可编程	固定	可组态

PLA 的与阵列和或阵列均可编程，因而可实现经过化简的与或逻辑，与、或阵列可得到充分使用，但迄今为止还没有高质量的编程工具，另外由于 PLA 的输出结构的缺陷，现在已很少使用了。

PAL 是与阵列可编程、或阵列固定的，每个输出是输入变量若干个与或的形式。用户通过编程可实现各种组合逻辑电路。PAL 一般采用熔断丝双极性工艺，只能一次编程。但由于其速度较快、开发系统完善，现仍有较少使用。

GAL 的基本逻辑部分与 PAL 相同，也是与阵列可编程、或阵列固定。但其输出电路采用逻辑宏单元形式，用户可以对输出自行组态。GAL 采用 EEPROM 的浮栅技术，实现了电可擦除功能，大大方便了用户的使用，现使用较广。

高密度可编程逻辑器件（HDPLD）又分为 EPLD、CPLD 和 FPGA 等。

2. 按基本结构分类

按基本结构可将其分为：PLD 器件和 FPGA 器件。

PLD 器件是基本结构为与-或阵列的器件。FPGA 器件是基本结构为门阵列的器件。LDPLD（PROM、PLA、PAL、GAL）、EPLD、CPLD 的基本结构均为与-或阵列，FPGA 则是基本结构为门阵列。

除以上两种分类方法外，可编程逻辑器件还有其他的一些分类方法。如按编程工艺、按制造工艺分类等。

6.2.3 用 PLD 实现逻辑函数

常见的可编程逻辑器件有 PROM、PLA、PAL、GAL、EPLD、CPLD 和 FPGA 等。

1. PLD 的表示方法

（1）PLD 连接的表示法。

如图 6.9 所示为 PLD 中三种连接方式的表示方法。其中图（a）表示固定连接，即该结点的两条交叉线是固定连接，无法再编程断开，通常用一个小圆点来表示；图（b）表示编程连接，即该结点的两条交叉线是通过编程的方法将其连接上的，可以再用编程的方法将其断开，通常用一个叉来表示连接；图（c）表示两条线不连接，即该结点的两条交叉的线互不相连或是通过编程将其断开，在两条线交叉点既没有交叉点又没有小圆点。

（a）固定连接   （b）编程连接   （c）不连接

图 6.9 PLD 连接的表示法

（2）基本逻辑门的 PLD 表示法。

① 缓冲器。

在 PLD 中，输入缓冲器和反馈缓冲器均采用互补输出结构，如图 6.10（a）所示；输出缓冲器一般为三态输出缓冲器，如图 6.10（b）、（c）所示。

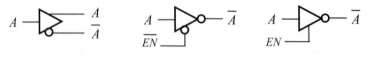

　　（a）互补输出缓冲器　　（b）三态输出缓冲器　　（c）三态输出缓冲器

图 6.10　缓冲器的 PLD 表示法

② 与门。

如图 6.11 所示为一个三输入与门的习惯表示和 PLD 表示，图中 $P = AC$。

③ 或门。

如图 6.12 所示为一个三输入或门的习惯表示和 PLD 表示，图中 $P = A + C$。

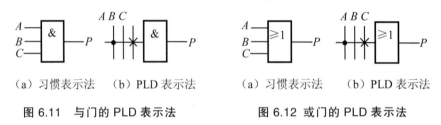

　（a）习惯表示法　（b）PLD 表示法　　　　（a）习惯表示法　（b）PLD 表示法

图 6.11　与门的 PLD 表示法　　　　　**图 6.12　或门的 PLD 表示法**

2. 用 PLD 实现逻辑函数

低密度 PLD 器件的基本结构均为与-或阵列，其基本框图如图 6.13 所示，它由输入缓冲电路、与阵列、或阵列和输出缓冲电路等四部分电路组成。其中输入缓冲电路主要作用是产生原变量和反变量两个互补信号供与阵列使用；与阵列是产生输入变量的与项（乘积项）；或阵列是将与阵列输出的乘积项有选择相或以形成与或式，即实现逻辑函数；输出缓冲电路是产生输出信号、形成反馈信号。输出缓冲电路则有多种形式，可以是三态门的输出；也可以是双向的输出；或是一个多功能的输出宏单元，从而使 PLD 的功能更加灵活、完善。

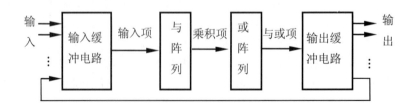

图 6.13　PLD 的基本框图

（1）用 ROM 实现组合逻辑函数。

ROM 的地址译码器是由很多与门组成的与门网络，称之为与阵列。如果将译码器的地址代码作为输入变量，则译码器的各条字线便代表全部输入变量的各个最小项。

ROM 的每一位数据输出端（即位线）是由存储器件与相应的字线耦合起来构成的，它使各字线输出的最小项之间构成了或的逻辑关系，即组成或网络，称为或阵列。故可以把 ROM 看成一个与-或阵列，其与-或阵列结构框图如图 6.14 所示。

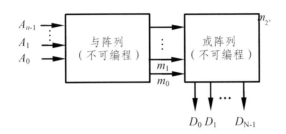

图 6.14　与-或阵列框图

从前面数字逻辑电路的基础知识中可知道，任一组合逻辑的函数表达式可化为最小项之和的形式。由图 6.14 可知，地址译码的每个输出端对应于一个最小项，而存储矩阵电路可实现线或的逻辑关系，由此可见 ROM 不仅可以存放数据，而且可以用来实现组合逻辑电路的功能。

图 6.15（a）为某 ROM 的与-或阵列图，其与阵列是不可编程，而或阵列是可编程的。有时为了方便，可以将阵列中的与门和或门省略。从图中可写出输出函数表达式为

$$F_1(A，B) = \sum_m(0，1，3)$$

$$F_2(A，B) = \sum_m(0，2，3)$$

图 6.15（b）是从存储器的角度观察 ROM 的电路结构，若将 A、B 看作地址，则 ROM 的与阵列是一个输出高电平输出有效的地址全译码器。当地址 $AB = 01$ 时，m_1 有效，输出 $F_1F_0 = 10$；同理，当地址 AB 分别为 00、10 和 11 时，读出的内容为 11、01 和 11。可见，ROM 的或阵列又可以被看作做一个存储阵列，$m_0 \sim m_3$ 是存储阵列的字线，F_1、F_0 是存储阵列的位线。所以，存储阵列的容量 = 字数×位数 = 4×2 = 8，它也恰好等同于作为 PLD 的与门数和或门数的乘积。

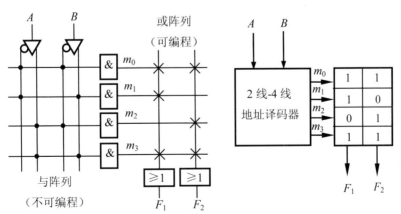

（a）与-或阵列图　　　　　　　　（b）存储器示意图

图 6.15　某 ROM 的结构图

综上所述，用 ROM 实现组合逻辑函数的方法是先要求输出函数的最小项表达式，然后画出 ROM 的阵列图。工厂根据用户提供的阵列图，便可生产出所需的 ROM。

【例 6-1】用 ROM 实现 1 位二进制数的半加器。

解：（1）列真值表如表 6.4 所示。

表 6.4 半加器的真值表

A	B	S	C
0	0	0	0
0	1	1	0
1	0	1	0
1	1	0	1

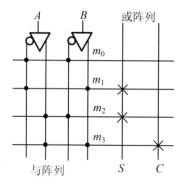

图 6.16 半加器的与 – 或阵列图

（2）由真值表得输出端的最小项表达式

$$S = \sum_m (1,\ 2)$$

$$C = \sum_m (3)$$

（3）画 ROM 阵列图如图 6.16 所示。

【例 6-2】用 ROM 实现二变量逻辑函数如图 6.17 所示。

（1）试列出电路的真值表；

（2）写出各输出函数的逻辑表达式。

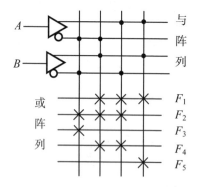

图 6.17 例 6-2 的与-或阵列图

表 6.5 例 6-2 的真值表

A	B	F_1	F_2	F_3	F_4	F_5
0	0	0	1	1	0	0
0	1	1	1	0	1	0
1	0	1	1	0	1	0
1	1	1	0	0	0	1

解：（1）列真值表如表 6.5 所示；

（2）各输出的最小项表达式为

$$F_1(A,\ B) = \sum_m (1,\ 2,\ 3) = A + B$$

$$F_2(A,\ B) = \sum_m (0,\ 1,\ 2) = \overline{AB}$$

$$F_3 (A, B) = \sum_m (0) = \overline{AB} = \overline{A+B}$$

$$F_4 (A, B) = \sum_m (1, 2) = A \oplus B$$

$$F_5 (A, B) = \sum_m (3) = AB$$

由上可知，该电路可产生二变量的或运算（F_1）、与非运算（F_2）、或非运算（F_3）、异或运算（F_4）和与运算（F_5）。

（2）用 PLA 实现逻辑函数。

用 ROM 进行组合逻辑设计时，不需要化简函数，ROM 的与阵列是固定、不可编程，必须产生全部 n 个变量的 2^n 个最小项，而不管所要实现的函数是否需要这些最小项，这样做势必多占 ROM 芯片的面积，电路利用率不高。为了克服这一缺点，可采用与阵列、或阵列均可变编程的可编程逻辑阵列 PLA。由于 PLA 的与阵列可编程的，与阵列产生的乘积项不必一定是最小项，需要什么乘积项就产生什么乘积项，故在用 PLA 实现组合逻辑函数时，采用函数的最简与或式来与阵列，而且与阵列输出的乘积项个数小于 2^n，从而提高了芯片的利用率。

按照输出方式，PLA 可以分为组合可编程逻辑阵列 PLA 和时序可编程逻辑阵列 PLA 两类。二者的主要区别在于：前者只能实现组合逻辑函数；后者的输出电路中除了有输出缓冲器以外还有触发器，适用于实现时序逻辑。

【例 6-3】用 PLA 实现一位二进制数的半加器。

解：（1）由例 6-1 的真值表 6.4 可得输出的最简与或式为

$$S = \overline{A}B + A\overline{B}$$

$$C = AB$$

（2）画 PLA 阵列图如图 6.18 所示。

需要强调的是：用 PLA 实现组合逻辑函数时，必须先将逻辑函数成最简与或式。若是多输出逻辑函数时，化简时要注意合理使用逻辑函数之间的公共项，使乘积项的总数最少。

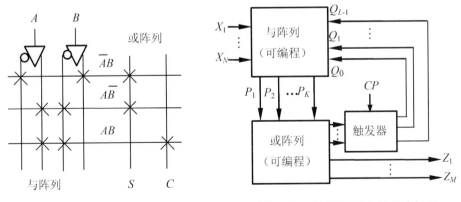

图 6.18　与–或阵列图　　　　图 6.19　时序型 PLA 的组成框图

时序型 PLA 中，在或阵列的输出和与阵列的输入之间增加了由触发器组成的反馈通路，其结构框图如图 6.19 所示，其实质即用与或阵列实现触发器网络的激励方程和时序电路的输出方程。

6.3　PLD 的开发

PLD 的开发需要在开发平台下进行。开发平台通常称为 EDA 工具，由五个模块组成：设计输入编辑器、HDL 综合器、仿真器、适配器、下载器。每个 PLD 的生产家为了方便用户通常都提供集成的开发环境，如 Altera 的 MAX + plus Ⅱ、Quartus Ⅱ。用普通 PLD 器件来实现数字电路或系统，必须要具备以下设备：

① 计算机；

② PLD 的开发软件包、专用的硬件描述语言；

③ PLD 的编程器或编程电缆。

各种软件包对 PLD 器件的开发流程不尽相同，但总体而言，都有相似的基本过程，如图 6.20 所示。

设计输入对于 PLD 的开发是最主要的。设计者把设计按要求输入到开发平台。EDA 工具的设计输入可分为：图形输入和 HDL 文本输入。图形输入包括原理图输入、状态图输入和波形图输入。其中，HDL 文本输入是使用硬件描述语言输入设计文本，常用的硬件描述语言有 VHDL、VerilogHDL。大多数开发软件都支持原理图和硬件描述语言两种描述方法。

设计处理是由开发软件自动完成，包括综合、优化、布局、布线等过程，最后生成关于器件编程信息的标准格式文件（JEDEC 文件），即编程目标文件。

设计校验和逻辑仿真是校验设计的正确性。如果正确，通过编程器或编程电缆把 JEDEC 文件的数据下载到 PLD 器件中，这样 PLD 器件就具备了预定的逻辑功能。

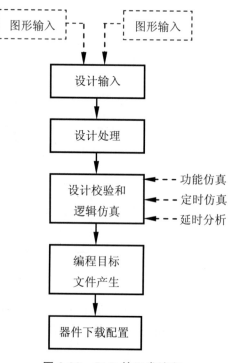

图 6.20　PLD 的开发流程

习题六

6-1 什么叫只读存储器 ROM？什么叫随机存取存储器 RAM？它们的特点是什么？

6-2 现有(1024×4)RAM 集成芯片一个，该 RAM 有多少个存储单元？有多少条地址线？该 RAM 含有多少个字？其字长是多少位？访问该 RAM 时，每次会选中几个存储单元？

6-3 若用 256×4 的 RAM 扩展成 1024×8 的 RAM，需要几片 256×4 的 RAM？

6-4 可编程逻辑器件有哪些种类？它们的共同特点是什么？

6-5 低密度可编程逻辑器件 LDPLD 是指哪几种？在结构上它们的各自特点是什么？

6-6 用 ROM 设计一位二进制全加器，画出其阵列图。

6-7 试用 ROM 实现下面多输出逻辑函数。

$$Y_1 = \overline{A}BC + A\overline{B}C$$

$$Y_2 = A\overline{B}C\overline{D} + BC\overline{D} + \overline{A}BCD$$

$$Y_3 = ABC\overline{D} + ABCD$$

$$Y_4 = \overline{A}\overline{B}C\overline{D} + ABCD$$

6-8 ROM 阵列及共阴型七段 LED 显示器组成电路如题图 6.1 所示，试分析电路。要求：

（1）写出 F_1，F_2 表达式，列真值表，说明实现什么功能；

（2）当 $A = B = C = 1$ 时，显示什么字符。

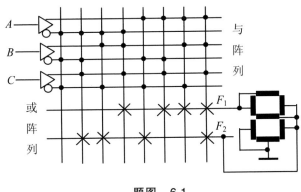

题图　6.1

技能实训六　随机存取存储器及其应用

一、实验目的

了解集成随机存取存储器 2114A 的工作原理，通过实验熟悉它的工作特性、使用方法及其应用。

二、实验仪器及材料

（1）+5V 直流电源　　　　　　　　　　　　　　　1个

（2）连续脉冲源　　　　　　　　　　　　　　　　1个

（3）单次脉冲源　　　　　　　　　　　　　　　　1个

（4）逻辑电平显示器   1个
（5）逻辑电平开关（0、1开关）   1个
（6）译码显示器   1个
（7）2114A、74LS161、74LS148、74LS244、74LS00、74LS04

三、实验内容及步骤

1. 用 2114A 实现静态随机存取

线路如图实 6.1 所示单元 **Ⅲ**。

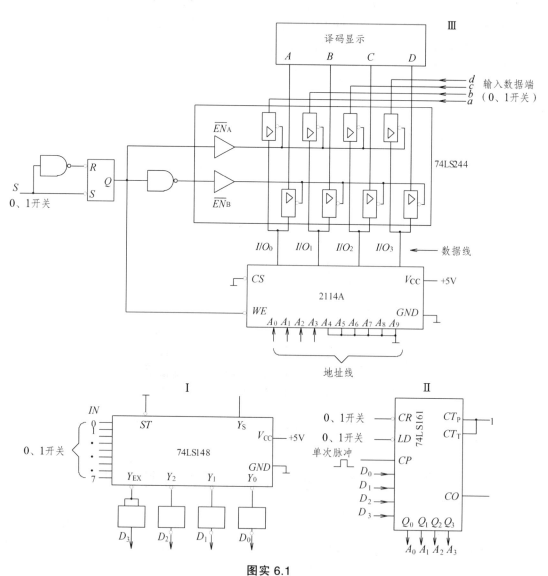

图实 6.1

（1）写入。

　　输入要写入单元的地址码及要写入的数据；再操作基本 RS 触发器控制端 S，使 2114A 处于写入状态，即 $\overline{CS}=0$、$\overline{WE}=0$、$\overline{EN}_A=0$，则数据便写入了 2114A 中，选取三组地址码

及三组数据，记入表实 6.1 中。

表实 6.1

$\overline{WE}$	地址码 （$A_0 \sim A_3$）	数据 （$abcd$）	2114A
0			
0			
0			

表实 6.2

$\overline{WE}$	地址码 （$A_0 \sim A_3$）	数据 （$abcd$）	2114A
0			
0			
0			

（2）读出。

输入要读出单元的地址码；再操作基本 RS 触发器 S 端，使 2114A 处于读出状态，即 $\overline{CS} = 0$、$\overline{WE} = 0$、$\overline{EN_B} = 0$，（保持写入时的地址码），要读出的数据便由数显显示出来，记入表实 6-2 中，并与表实 6.1 数据进行比较。

2. 2114A 实现静态顺序存取

连接好图实 6.1 中各单元间连线。

（1）顺序写入数据。

假设 74LS148 的 8 位输入指令中，$IN_2 = 0$、$IN_0 = 1$、$IN_2 \sim IN_7 = 1$，经过编码得 $D_0 D_1 D_2 D_3 = 1000$，这个值送至 74LS161 输入端；给 74LS161 输出清零，清零后用并行送数法将 $D_0 D_1 D_2 D_3 = 1000$ 赋值给 $A_0 A_1 A_2 A_3 = 1000$，作为地址初始值；随后操作随机存取电路使之处于写入状态。至此，数据便写入了 2114A 中，如果相应地输入几个单次脉冲，改变数据输入端的数据，则能依次地写入一组数据，记入表实 6.3 中。

表实 6.3

CP 脉冲	地址码（$A_0 \sim A_3$）	数据（$abcd$）	2114A
↑	1000		
↑	0100		
↑	1100		

（2）顺序读出数据。

给 74LS161 输出清零，用并行送数法将原有的 $D_0 D_1 D_2 D_3 = 1000$ 赋值给 $A_0 A_1 A_2 A_3$，操作

随机存取电路使之处于读状态。连续输入几个单次脉冲，则依地址单元读出一组数据，并在译码显示器上显示出来，记入表实 6.4 中，并比较写入与读出数据是否一致。

表实 6.4

CP 脉冲	地址码（$A_0 \sim A_3$）	数据（$abcd$）	2114A	显示
↑	1000			
↑	0100			
↑	1100			

四、实验报告要求

记录电路检测结果，并对结果进行分析。

数-模与模-数转换器

随着计算机技术和数字信号处理技术的飞速发展，计算机在通信、测量、自动控制等领域的应用越来越普遍。由于计算机处理的是数字信号，而要处理的实际对象往往都是一些模拟量（如温度、压力、图像等），因此，必须先将模拟信号转换成数字信号，计算机才能进行处理。我们把这种能将模拟信号转换成数字信号的电路称为模-数转换器（Analog to Digital Converter，简称 ADC 或 A/D 转换器）。而经计算机分析、处理后的数字信号还要转换为模拟信号输出，才能去控制执行器件。我们把这种能将数字信号转换成模拟信号的电路称为数-模转换器（Digital to Analog Converter，简称 DAC 或 D/A 转换器）。可见，A/D 转换器和 D/A 转换器是计算机系统中不可缺少的接口电路。

7.1 D/A 转换器

7.1.1 D/A 转换器的基本概念

D/A 转换器的功能是将输入的数字信号转换成与之成正比的模拟信号（电压 V_o 或电流 I_o）。其原理框图如图 7.1 所示。其中，$D_{n-1}...D_1D_0$ 为输入的 n 位二进制数，V_o（或 I_o）为输出的模拟电压或电流。D/A 转换器的模拟输出电压 V_o（或 I_o）与输入的数字量 D 满足下面的正比关系

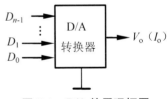

图 7.1　D/A 的原理框图

$$V_o(\text{或}I_o) = KD = K\sum_{i=0}^{n-1} D_i 2^i \qquad (7.1)$$

K 为比例系数，不同的 D/A 转换器 K 不同。

【例 7-1】已知某 8 位二进制 D/A 转换器，当 $D = (1000000)_2$ 时，输出模拟电压 $V_o =$ 3.2 V。求 $D = (10101000)_2$ 时的输出模拟电压 $V_o = ?$

解：由于 $(1000000)_2 = 128$，$(10101000)_2 = 168$，因此

$$3.2 : 128 = V_o : 168$$

解得：$V_o = (3.2/128) \times 168 = 4.2 \text{ V}$

一个 n 位 D/A 转换器的结构框图如图 7.2 所示。输入数字量经寄存器存储后再驱动对应数字位电子开关，将参考电压按位权关系分配到电阻网络，再由求和放大器将各数位的权值相加，使输出得到与输入数字量大小成正比的相应模拟量。D/A 转换器的核心电路是电阻网络。

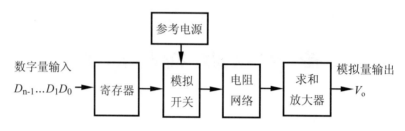

图 7.2　D/A 转换器的结构框图

常见的 D/A 转换器有权电阻网络型、倒 T 型电阻网络型和权电流型等。本章只介绍倒 T 型电阻网络的 D/A 转换器。

7.1.2　倒 T 型电阻网络 D/A 转换器

在单片集成 D/A 转换器中，使用最多的是倒 T 型电阻网络 D/A 转换器。图 7.3 是一个 4 位倒 T 型电阻网络 D/A 转换器。倒 T 型电阻网络 D/A 转换器由参考电压 V_{REF}、电子模拟开关 $S_0 \sim S_3$、R-$2R$ 倒 T 型电阻解码网络和求和放大器 A 四部分组成。

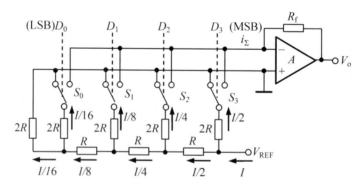

图 7.3　倒 T 型电阻网络 D/A 转换器

电子模拟开关 S_i 由输入数码 D_i 控制。

当 $D_i = 1$ 时，S_i 接求和放大器 A 的反相输入端（"虚地"），i_Σ 流入求和电路。

当 $D_i = 0$ 时，S_i 将 $2R$ 电阻接地。

R-$2R$ 倒 T 型电阻网络的特点是：从每个节点向左看的二端网络等效电阻均为 R，流过 $2R$ 支路的电流从高位到低位按 2 的整数倍递减。而根据运算放大器线性运用时的虚地概念可知，无论模拟开关 S_i 处于何种位置，与 S_i 相连的 $2R$ 电阻均将接"地"（或虚地），这样，不管输入的数码的状态为 0 还是 1，流过 $2R$ 电阻上的电流不随开关位置变化而变化，为确定值，保证了输出电压的稳定性。设由基准电压源提供的总电流为 I（$I = V_{REF}/R$），则流过各节点的电流从高位至低位依次为 $I/2$，$I/4$，$I/8$，$I/16$。

于是流入运算放大器的总电流 i_{Σ} 为

$$i_{\Sigma} = \frac{I}{2^1}D_3 + \frac{I}{2^2}D_2 + \frac{I}{2^3}D_1 + \frac{I}{2^4}D_0$$

$$= \frac{V_{REF}}{2^4 R}\ (\ 2^3 D_3 + 2^2 D_2 + 2^1 D_1 + 2^0 D_0\ )$$

$$= \frac{V_{REF}}{2^4 R}\sum_{i=0}^{3}D_i 2^i \tag{7.2}$$

若 $R_f = R$，代入上式，则运算放大器的输出电压 V_o 为

$$V_O = -i_{\Sigma}R_f = -\frac{V_{REF}}{2^4}\sum_{i=0}^{3}D_i 2^i \tag{7.3}$$

当输入的数字量为 n 位二进制数码时，则 n 位倒 T 型电阻网络 D/A 转换器输出模拟电压 V_o 的表达式为

$$V_O = -I_{\Sigma}R_f = -\frac{V_{REF}}{2^n}\sum_{i=0}^{n-1}D_i 2^i \tag{7.4}$$

可见，输出模拟电压 V_o 正比于输入数字量的大小，比例系数 $K = -V_{REF}/2^n$。

倒 T 型电阻网络的特点是电阻种类少，只有 R 和 $2R$ 两种。因此，它可以提高制作精度，同时便于集成。而且由于各支路电流直接流入运算放大器的输入端，它们之间不存在传输上的时间差。电路的这一特点不仅提高了转换速度，而且在动态转换过程中对输出不易产生尖峰脉冲干扰，有效地减少了动态误差。所以成为目前广泛使用的 D/A 转换电路中速度较快的一种。

需要注意的是：倒 T 型电阻网络的 D/A 转换器只能对无符号的二进制数进行转换，否则只能用双极性的 D/A 转换器。

7.1.3　D/A 转换器的主要技术指标

1. D/A 转换器的转换精度

D/A 转换器的转换精度通常由分辨率和转换误差来描述。

（1）分辨率。

分辨率是指 D/A 转换器所能分辨的最小输出电压的能力，它是 D/A 转换器在理论上所能达到精度。通常定义为 D/A 转换器能分辨出来的最小输出电压 V_{LSB} 与满刻度输出电压 V_m 的比值。

最小输出电压 V_{LSB} 是输入二进制数字量中只有最低位（LSB）D_0 为 1 时所对应的输出电压值，即：

$$V_{LSB} = KD = K2^0 = K \tag{7.5}$$

满刻度输出电压 V_m 是输入二进制数字量中各位均为 1 时所对应的输出电压值，即

$$V_m = KD = K (2^n - 1) \tag{7.6}$$

所以：　　　　　　分辨率 $R = \dfrac{V_{LSB}}{V_m} = \dfrac{1}{2^n - 1} \tag{7.7}$

上式表明：当 V_m 确定时，如果输入的数字量位数越多（n 越大），则能分辨出来的最小电压 V_{LSB} 越小，分辨率值越小，分辨能力越强。故实际中也常常用位数表示分辨率。例如，$V_m = 10V$，当输入的数字位数为 8 位时，$V_{LSB} = 10/(2^8 - 1) = 0.039V$，分辨率是 $0.039/10 = 0.0039 = 0.39\%$。当输入的数字位数为 10 位时，$V_{LSB} = 10/(2^{10} - 1) = 0.01V$，分辨率是 $1/1023 = 0.001 = 0.1\%$。

（2）转换误差。

转换误差指实际转换值与理论值之间的最大偏差。这种差值是由转换过程中的各种误差引起的。转换误差常用最低位（LSB）倍数表示，也可用满刻度输出电压 V_m 的百分数表示。

2. D/A 转换器的转换速度

D/A 转换器的转换速度常用建立时间或转换速率来描述。当输入的数字量发生变化后，输出的模拟量并不能立即达到所对应的数值，它需要一段时间，这段时间称为建立时间。在集成 D/A 转换器产品的性能表中，建立时间通常是指从输入的数字量发生突变开始，直到输出模拟量与规定值相差±0.5LSB 范围内所需的时间。

建立时间的倒数即为转换速率，也就是每秒钟 D/A 转换器至少可进行的转换次数。建立时间的值越小，说明 D/A 转换器的转换速度越快。

7.2 A/D 转换器

7.2.1 A/D 转换器的基本概念

模拟信号是一种在幅度上和时间上都连续的信号，而数字信号是一种在幅度及时间上皆离散的信号，要将模拟信号转换为数字信号就需要完成这两个方面的转换。首先是将时间上进行离散化处理，完成这一步是通过取样来实现的，另一步是通过量化来实现的，这仅是一个理论的过程，实际的过程分为：取样、保持、量化、编码四个过程。下面就这四个过程进行介绍其原理。

1. 取样和保持

取样就是按一定的频率抽取连续变化的模拟信号，使之从一个时间上连续的模拟信号转换为时间上离散变化的信号。即将随时间连续变化的信号转换为一串脉冲，这个脉冲是等距离的，并且其幅度取决于输入的模拟量。工作过程如图 7.4 所示。

为了取样后的信号能正确地表示模拟信号，根据频率取样定理，取样频率 f_s 应满足：

$$f_s \geqslant 2f_{imax} \tag{7.8}$$

式中，f_{imax} 为原始信号的最高频率。式（7-8）给定了最低的取样频率，实际使用的频率一般为原始信号最高频率的 2.5～3 倍左右。

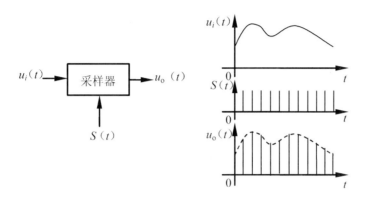

图 7.4 取样工作过程

从图 7.4 中取样的输出波形可以看出，其两个取样之间时间段没有输出幅度，由于取样脉冲的宽度一般都较窄，这较短的时间有幅度输出是不便于进行量化和编码的，故需要将两个取样点之间的幅度连接起来，这样两个取样点之间的时间间隔所对应的幅度保持不变，就可以稳定地进行量化编码。保持电路实际上是使用了电容的存储特性，实际使用时，取样与保持两个是合二为一的，图 7.5 所示电路为一个典型的取样－保持电路的原理图和输出波形。A_1 是高增益运放，A_2 是高输入阻抗运放，S 为采样控制模拟开关，C 为保持电容。在采样脉冲 CP 为高电平期间，S 闭合，输入信号经放大器 A_1 向电容器充电，此时为采样状态，由于运放输出电阻小，很快充到与 $u_i(t)$ 等值。当 CP 为低电平期间，S 断开，由于运放输入阻抗高，电容 C 上的电荷不能放掉，保持原来的电平。$u_o(t)$ 的波形和 C 上的电压波形相同。

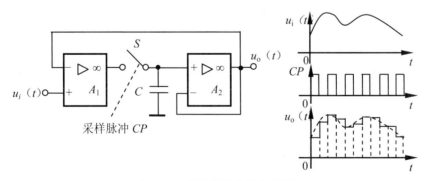

图 7.5 采样保持电路原理图

2. 量化和编码

由于取样－保持电路输出的阶梯电压的取值仍是连续的，而数字信号的取值是有限的或离散的。例如 4 位二进制数只能表示 0000～1111 共 16 种状态，因此必须采用近似的方法将其取整为某个最小数量单位的整数倍，才能用数字量表示，取整的过程就是量化。所取的最小数量单位称为量化单位，用Δ表示。显然，数字信号最低有效位（LSB）的 1 所代表的数量大小就等于Δ。将量化后的结果（离散电平）用代码（可以是二进制，也可以是其他进制）来表示，称为编码。经过编码后得到的代码就是 A/D 转换器输出的数字量。

上面提到量化的过程是一个近似的过程，其中存在一定的误差，这种误差称为量化误差，用ε表示。这与我们日常生活中的量长度、称重量等是一样的，一般采用"四舍五入"的舍入规则，则最大量化误差$\varepsilon_{max} = \Delta/2$（$\Delta$为最小量化单位）。但在数字电路的量化中还存在一种"只舍不入"的量化规则，其最大量化误差$\varepsilon_{max} = \Delta$。图 7.6 形象表示了 3 位 A/D 转换器用这两种舍入规则的情况。

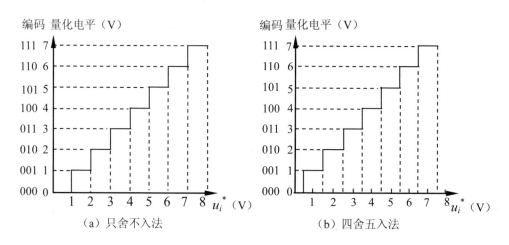

图 7.6   两种量化方法

设取样-保持后的电压u_i^*的范围是 0 ~ 8 V。若采用只舍不入的量化方法，取最小量化单位$\Delta = 1$ V，无论$u_i^* = 5.9$ V 还是$u_i^* = 5.1$ V，都将其归并到 5 V 的量化电平，输出的编码都为 101。若采用四舍五入的量化方法，取最小量化单位$\Delta = 1$ V，当$u_i^* = 5.49$ V 时，就将其归并到 5 V 的量化电平，输出的编码为 101；当$u_i^* = 5.59$ V 时，就将其归并到 6 V 的量化电平，输出的编码为 110。

7.2.2 A/D 转换器的类型

A/D 转换器的种类很多，按其工作原理不同分为直接 A/D 转换器和间接 A/D 转换器两类。直接 A/D 转换器是直接将取样 – 保持后的信号转换为数字信号，这类 A/D 转换器具有较快的转换速度，其典型电路有并行比较型 A/D 转换器和逐次比较型 A/D 转换器。而间接 A/D 转换器则是先将取样 – 保持后的信号转换为某一中间电量（时间或频率），然后再将中间电量转换为数字量输出。这类 A/D 转换器的转换速度较慢，其典型电路有双积分型 A/D 转换器。各种 A/D 转换器在转换速度、转换精度、抗干扰能力方面各有特色，本节重点介绍逐次比较型 A/D 转换器。

1. 逐次比较型 A/D 转换器

逐次比较型 A/D 转换器是目前应用较广泛的一种 A/D 转换器，其原理框图如图 7.7 所示，它主要由电压比较器、逐次逼近寄存器、电压输出 D/A 转换器和逻辑控制电路组成。

转换前，先将逐次逼近寄存器清零，然后进行转换。第一个时钟作用时，逐次逼近寄存器的最高位（MSB）被置"1"，其余位为"0"。这组数字量由 D/A 转换器转换为对应的模拟量 u_o，送到电压比较器 C 与取样保持后的模拟电压 u_i^* 进行比较。当 $u_o > u_i^*$ 时，比较器输出 $u_c = 1$，说明数字量大了，则这个 1 应去掉；反之 $u_c = 0$，说明数字量小了，这个 1 应予以保留。

第二个时钟作用时，逐次逼近寄存器的次高位被置"1"，同时在逻辑控制电路的控制下，若 $u_c = 1$，则逐次逼近寄存器的最高位数码（MSB）回到 0；若 $u_c = 0$，则逐次逼近寄存器的最高位数码（MSB）保持为"1"，其余位不变。这组数字量再由 D/A 转换器转换后送到电压比较器 C 与 u_i^* 进行比较大小。

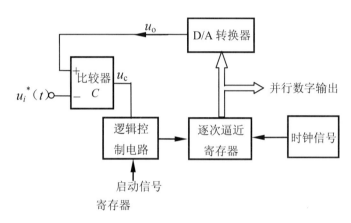

图 7.7 逐次逼近 A/D 转换器原理框图

在第三个时钟作用时，去控制次高位是回到"0"还是保持为"1"。

按照上述过程逐次比较下去，一直到最低位（LSB）比较完为止，这时逐次逼近寄存器存储的状态就是 A/D 转换器的转换结果。可见，完成一次 n 位的转换过程需要 n + 1 个时钟信号周期，再加上 A/D 转换器复位需要 1 个时钟信号，所以逐次比较型 A/D 转换器完成一次完整的 A/D 转换所需的时间为 n + 2 个时钟信号周期。

2. 三种类型 A/D 转换器的比较

逐次比较型 A/D 转换器的转换速度比较高，而且在位数较多时用的器件不是很多，所以它是目前应用较广泛的一种 A/D 转换器。

并行比较型 A/D 转换器具有速度快的优点，但制造成本较高，精度不易做得很高，故用在速度较高的场合，如视频信号的 ADC 等常有使用。

双积分型 A/D 转换器的基本原理是通过对取样-保持后的模拟电压和参考电源电压分别进行两次积分，先将模拟电压转换成与之成正比的时间变量 T，然后在时间 T 内对固定频率的时钟脉冲计数，计数的结果就是正比于模拟电压的数字量。

双积分型 A/D 转换器具有抑制交流干扰的能力和结构简单、转换精度高的优点，其转换精度仅取决于参考电压的精度，但缺点是转换速度低，一般为几至数百毫秒之间。所以双积分型 A/D 转换器在低速、高精度集成 A/D 转换器中广泛使用，如用于数字面板表（DPM）。

7.2.3 A/D 转换器的主要技术指标

1. A/D 转换器的转换精度

A/D 转换器的转换精度通常由分辨率和转换误差来描述。分辨率常用输出二进制或十进制的位数表示，它说明 A/D 转换器对输入信号的分辨能力，从理论上讲，n 位输出的 A/D 转换器能区分 2^n 个不同等级的输入模拟电压，能区分输入模拟电压的最小值为满刻度量程输入的 $1/2^n$，即 $\Delta = U_{max}/2^n$。可见分辨率描述的是 A/D 转换器的固有误差——量化误差 ε，它指出了 A/D 转换器在理论上所能达到的精度。在最大输入电压一定时，输出位数越多，量化单位越小，分辨能力越强，转换精度越高。转换误差的描述与 D/A 转换器的相同。

2. 转换速度

A/D 转换器的转换速度常用完成一次 A/D 转换所需的时间来表示。

7.3 集成 D/A 与 A/D 转换器的实际应用

7.3.1 集成 D/A 转换器的应用实例

DAC0832 是一种常见的集成 D/A 转换器。它采用了 CMOS 工艺，具有 8 位分辨能力，电流建立时间为 1μs。其内部由两级缓冲器和倒 T 型电阻网络构成，可实现单缓冲、双缓冲和直接输入 3 种方式。采用 20 脚双排直插式封装。内部结构框图和外引脚图如图 7.8 所示。

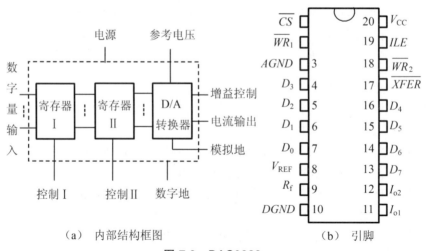

（a）内部结构框图   （b）引脚

图 7.8 DAC0832

各引脚功能如下：$D_0 \sim D_7$ 为 8 位数据输入端，其中 D_7 为最高位；$\overline{CS}$、$\overline{WR_1}$、ILE 为寄存器 I 的控制端；$\overline{WR_2}$、$\overline{XFER}$ 为寄存器 II 的控制端；I_{o1}、I_{o2} 为电流输出端；R_f 为增益控制端；V_{REF} 为基准电压输入端，其电压范围为 $-10 \sim +10$ V；V_{CC} 为电源电压输入端，要求为 $+5$ V $\sim +15$ V；$DGND$ 为数字电路接地端；$AGND$ 为模拟电路接地端。

注意：DAC0832 内部没有运算放大器，使用时需要外接运算放大器才能构成完整的 D/A 转换器。

D/A 转换器的应用场合很多。由 DAC0832 构成的数控放大器如图 7.9 所示。

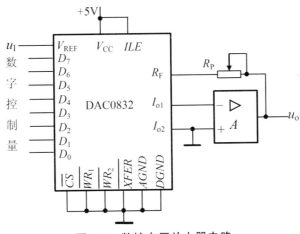

图 7.9　数控电压放大器电路

输入信号由 V_{REF} 端输入，数字控制信号加在 $D_7 \sim D_0$ 上，则放大器的输出为：

$$u_o = -\frac{R_F}{R}\frac{V_{REF}}{2^8}(D_7 2^7 + \cdots + D_1 2^1 + D_0 2^0) \tag{7.9}$$

R_F 为 DAC0832 内部反馈电阻 R 与外接反馈电阻 R_P 之和，输入信号电压 $u_i = V_{REF}$，D 为输入数字量，则放大器的增益可表示为

$$A_u = \frac{u_0}{u_i} = -\frac{R_F}{R}\frac{D}{256} \tag{7.10}$$

可见，放大器的增益与输入数字量成正比。

7.3.2　集成 A/D 转换器的应用实例

集成 A/D 转换器产品很多,这里只介绍一种常用的逐次比较型 A/D 转换器——ADC0809。该器件是单片 8 位 8 路 CMOSA/D 转换器,内部包括 8 位 A/D 转换器、8 通道多路选择器和与微机兼容的控制逻辑电路。其符号、引脚如图 7.10 所示。

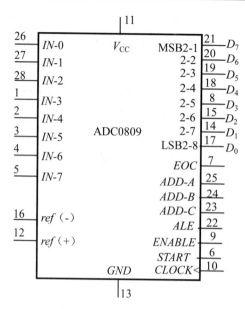

图 7.10   ADC0809 符号、引脚图

各端子功能如下：

IN-0 ~ IN-7：8 位模拟量输入端。

ADD-C（最高位）、*ADD-B*、*ADD-A*（最低位）：模拟通道多路选择器的地址端。

ALE：地址锁存允许信号输入端，当 *ALE* 为高电平时，锁存地址码，将地址码对应通道的模拟信号送入 A/D 转换器。

START：A/D 转换启动输入端。

EOC：转换结束信号输出端，转换开始时为低电平，转换结束时为高电平。

CLOCK：时钟信号输入端。

$D_0 ~ D_7$：数字信号输出端。

ENABLE：输出允许信号输入端。

ref（-）、*ref*（+）：参考电压的正、负极，一般 *ref*（+）接 + 5V，*ref*（-）接地。

V_{CC}：电源，接 + 5V。

GND：地线。

ADC0809 可以直接与微机相连，组成多路数据采集系统如图 7.11 所示。

当给 ADC0809 启动信号，开始 A/D 转换。A/D 转换转换结束后，*EOC* 信号作为中断信号送出，微机接到中断信号并响应后，由读信号 $\overline{RD}$ 控制 ADC0809 的 *ENABLE* 端，使 A/D 转换器输出转换数据到数据总线。

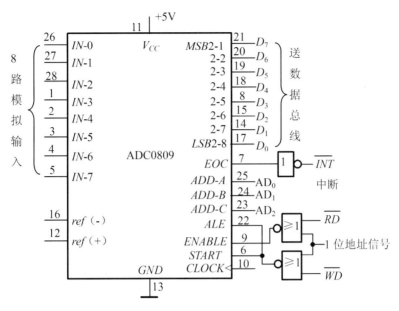

图 7.11　ADC0809 的典型应用

习题七

7-1　D/A 转换器由哪几部分组成？常见的 D/A 转换器有哪几种类型？

7-2　在如图 7.3 所示倒 T 型电阻网络的 D/A 转换器中，已知参考电压 $V_{REF} = -5V$，求：

（1）输入 0001 时，输出电压的值；

（2）输入 1101 时，输出电压的值；

（3）输入 1111 时，输出电压的值。

7-3　已知某 D/A 转换器满刻度输出电压为 10V，试问要求 1mV 的分辨率，其输入数字量的位数 n 至少是多少？

7-4　什么叫 A/D 转换？它包括哪几个过程？按其工作原理不同分为哪两种类型？

7-5　要将一个最大幅值为 5.1V 的模拟信号转换为数字信号，要求模拟信号每变化 20mV 能使数字信号最低位（LSB）发生变化，则应选用多少位的 A/D 转换器？

7-6　在并行比较型 A/D 转换器中，若已知 $V_m = 10V$、$V_{REF} = 10V$，若采用舍尾取整方法量化，则 $V_i' = 6.2V$ 时，输出数字量 $d_3 d_2 d_1 d_0 = ?$

技能实训七　D/A 转换器

一、实验目的

（1）熟悉使用集成 DAC0832 器件实现八位数-模转换的方法。

（2）掌握测试八位数-模转换器、转换精度及线性度的方法。

二、实验仪器及材料

（1）数字电路实验箱   1 台
（2）万用表   1 块
（3）器件：

DAC0832   D/A 转换器   1 片

741   集成运放   1 片

10K、100K   电位器   1 只

100K   电阻   1 只

三、实验内容及步骤

（1）用一片 DAC0832 和一片 741 插到实验箱的相应插座上。

（2）参考图实 7-1 设计电路并连接。

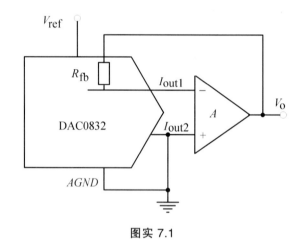

图实 7.1

（3）测试 DAC0832 的静态线性度。

① 将 $D_0 - D_7$ 接到电平输出上。

② 使 $D_0 - D_7$ 全为 0，使 $V_0 = 0$。

③ 使 $D_0 - D_7$ 全为 1，使 V_0 为满度（-5V）。

④ 按照表实 7.1 所给定的输入数字量（相对应的十进制）分别测出各对应的模拟电压值（V_0）。

表实 7.1

十进制数	二进制数		实测 V_0	十进制数	二进制数		实测 V_0
	$D_7\ D_6\ D_5 D_4\ D_3\ D_2\ D_1\ D_0$				$D_7\ D_6\ D_5\ D_4\ D_3\ D_2\ D_1\ D_0$		
255				110			
250				100			
240				90			
230				80			
220				70			

续表实 7.1

210			60		
200			50		
190			40		
180			30		
170			20		
160			10		
150			5		
140			2		
130			1		
120			0		

四、实验报告要求

（1）在坐标纸上画出 DAC0832 的输入数字量和实测输出电压之间的关系曲线。

（2）将实测值与理论值加以比较并计算出最大线性误差和精度，确定其分辨率。

（3）交出完整的实验报告。

综合实训一 彩灯循环控制器

一、实验目的

（1）了解数字系统设计的基本思想和方法。

（2）进一步熟悉几种常用集成数字芯片，学会使用其进行电路设计。

（3）学会使用面包板搭试逻辑电路，并初步掌握调试排错的方法。

二、实验仪器及材料

（1）面包板   1 片

（2）万用表   1 块

（3）器件：

555	555 定时器	1 片
CD4017	同步十进制计数器	1 片
CD4040	12 位二进制计数器	1 片
74LS138	3 线-8 线译码器	1 片

电阻电容若干

三、设计要求及方案分析

1. 设计要求

（1）彩灯能够自动循环点亮；

（2）彩灯循环显示且频率快慢可调；

（3）该控制电路具有 8 路以上的输出。

2. 方案分析

此电路主要由三部分组成，其整体框图如图综实一.1 所示。

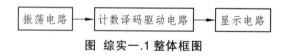

图 综实一.1 整体框图

其中振荡电路由 555 定时器构成。主要用来产生时间基准信号（脉冲信号）。因为循环彩灯对频率的要求不高，只要能产生高低电平就可以了，且脉冲信号的频率可调，所以采用 555 定时器组成的振荡器，其输出的脉冲作为下一级的时钟信号，电路如图综实一.2 所示。

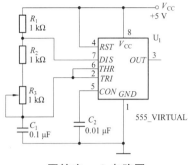

图综实一.2 电路图

显示主要由发光二极管组成，当计数译码驱动电路输出高电平时，驱动发光二极管点亮，其变化的速度由脉冲源频率决定。发光二极管要求驱动电压小一点，一般在 1.66 V 左右，电流在 5 mA 左右。

根据整体框图有两种设计方案可供选择如下：

（1）方案一。

由 555 定时器、同步十进制计数器 CD4017 组成。如图综实一.3 所示。

CD4017 有 3 个输入端（MR、CP_0 和 $\sim CP1$），MR 为清零端，当在 MR 端上加高电平或正脉冲时，其输出 O_0 为高电平，其余输出端（$O_1 \sim O_9$）均为低电平。CP_0 和 $\sim CP_1$ 是 2 个时钟输入端，若要用上升沿来计数，则信号由 CP_0 端输入；若要用下降沿来计数，则信号由 $\sim CP_1$ 端输入。设置 2 个时钟输入端，级联时比较方便，可驱动更多二极管发光。4017 有 10 个输出端（$O_0 \sim O_9$）和 1 个进位输出端 C_{out}。每输入 10 个计数脉冲，C_{out} 就可得到 1 个进位正脉冲，该进位输出信号可作为下一级的时钟信号。

其工作过程是：当 CD4017 有连续脉冲输入时，其对应的输出端依次变为高电平状态，故可构成顺序脉冲发生器控制发光二极管依次点亮，产生一种流动变化的效果。

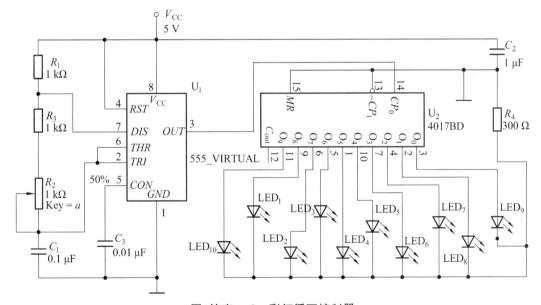

图 综实一.3 彩灯循环控制器

（2）方案二。

由 555 定时器、12 位二进制计数器 CD4040 和 3 线-8 线译码器 74LS138 组成，如图综实一.4 所示。

CD4040 是 12 位异步二进制计数器，它仅有 2 个输入端，即时钟输入端 *CP* 和清零端 *CR*。输出端为 $Q_0 \sim Q_{11}$。当清零端 *MR* 为高电平时，计数器输出全被清零；当清零端 *MR* 为低电平时，在 *CP* 脉冲的下降沿完成计数。

74LS138 是 3 线-8 线译码器，具有 3 个地址输入端 *A*、*B*、*C* 和 3 个选通端 G1、$\sim G_{2B}$、G_{2A} 以及 8 个译码器输出端 Y_0—Y_7。

用 555 定时器组成多谐振荡器，输出频率为 *f* = 101Hz。由 4040 分频后，低 3 位 Q_2、Q_1、Q_0 的输出分别接在 74LS138 译码器的译码输入 *C*、*B*、*A* 端。从而使其输出端 Y_0—Y_7 驱动的发光二极管顺序循环亮与灭。其电路图如图综实一.4 所示。

其工作过程是：555 定时器中，输出频率 = $1.43/(R_1 + 2R_3)C$。从而可调节输出频率的大小，即可控制闪灯闪的快慢程度。此外，也可以通过调节 *ABC* 的连接顺序来控制闪灯闪的快慢程度：连最低端闪得快，连最高端闪得慢。

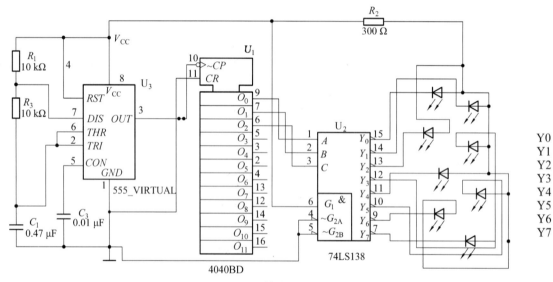

图 综实一.4

四、实验内容及步骤

（1）按照方案一或方案二在面包板上接线、调试并观察发光二极管的状态变化。

（2）由老师或自行设置故障，并排除。

五、实验报告要求

（1）编写设计全过程，包含图纸和有关器件资料；

（2）附上故障排除的心得体会。

综合实训二 4路抢答器

一、实验目的

（1）了解数字系统设计的基本思想和方法。
（2）进一步熟悉几种常用集成数字芯片，学会使用其进行电路设计。
（3）学会使用面包板搭试逻辑电路，并初步掌握调试排错的方法。

二、实验仪器及材料

（1）面包板		1片
（2）万用表		1块
（3）器件：		
74LS175	4D触发锁存器	1片
74LS00	四-2输入与非门	1片
74LS20	二-4输入与非门	1片
电阻电容若干		

三、设计要求及方案分析

1. 抢答器组成

抢答器的一般构成框图如图综实二.1所示。它主要由开关阵列电路、触发锁存电路、编码器、7段显示器几部分组成。下面逐一给予介绍。

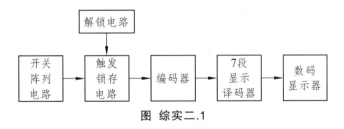

图 综实二.1

（1）开关阵列电路。

该电路由多路开关所组成，每一竞赛者与一组开关相对应。开关应为常开型，当按下开关时，开关闭合；当松开开关时，开关自动弹出断开。

（2）触发锁存电路。

当某一开关首先按下时，触发锁存电路被触发，在输出端产生相应的开关电平信息，同时为防止其他开关随后触发而产生紊乱，最先产生的输出电平变化又反过来将触发电路锁定。

若有多个开关同时按下时，则在它们之间存在着随机竞争的问题，结果可能是它们中的任一个产生有效输出。

（3）编码器。

编码器的作用是将某一开关信息转化为相应的 8421BCD 码，以提供数字显示电路所需要的编码输入。

（4）7 段显示译码器。

译码驱动电路将编码器输出的 8421BCD 码转换为数码管需要的逻辑状态，并且为保证数码管正常工作提供足够的工作电流。

（5）数码显示器。

数码管通常有发光二极管（LED）数码管和液晶（LCD）数码管。本设计提供的为 LED 数码管。

2. 方案分析

电路主要由 4D 触发锁存器、与非门及脉冲触发电路组成，如图综实二.2 所示。

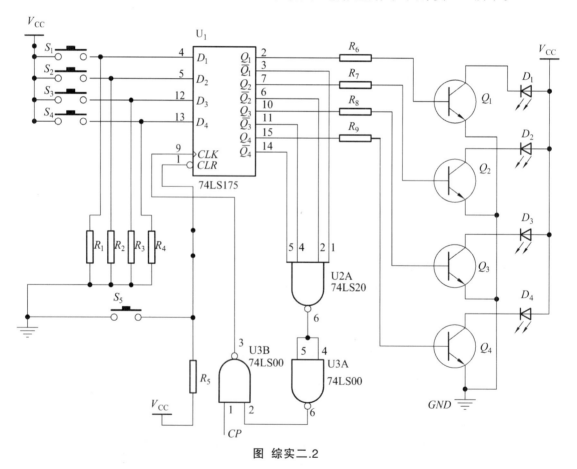

图 综实二.2

其工作过程是：

在接通电源时，因为 $S_1 \sim S_4$ 未按下，U$_1$ 的输入端 $D_1 \sim D_4$ 通过电阻 $R_1 \sim R_4$ 接地，U$_1$ 的四个输入端为低电平，四个发光二极管 D$_1 \sim$ D$_4$ 不亮，表示没有人抢答，同时，U$_1$ 的四个端 $\overline{Q}_1 \sim$

$\overline{Q}_4$ 输出全为高电平，经过与非门、非门后为一高电平加到 U3A 的④脚，打开 U3A 门，使 CP 通过 U3B 的①脚输入，倒相后加到 U_1 的⑨脚，此时 CP 有效，四个抢答按钮有效。

比赛开始当某人按下抢答开关时，比如说 S_1 先按下，因为此时有 CP 加入 U_1 的⑨脚，所以 U_1 内部 D_1 触发器输出翻转，由低电平变为高电平，Q_1 导通 D_1 发光，表示第一人抢答有效。同时，$\overline{Q}_1$ 输出为低电平，通过与非门、非门后，输出一个低电平，关闭 U3B 门，使 U_1 ⑨脚为高电平，CP 无效，在此时再按其它抢答开关，输出均无效，U_1 处于锁定状态。

下一轮抢答时，主持人按下 S_5，U_1 的①脚输入一个低电平，使 U_1 的四个 D 触发器复位，四个 Q 端输出为零，四个 $D_1 \sim D_4$ 不亮，同时四个 $\overline{Q}$ 端经与非门、非门打开 U3B，使 U_1 ⑨脚输入 CP，为下次抢答作好准备。

四、实验内容及步骤

（1）按照方案一或方案二在面包板上接线、调试并观察发光二极管的状态变化。

（2）由老师或自行设置故障，并排除。

五、实验报告要求

（1）编写设计全过程，包含图纸和有关器件资料；

（2）附上故障排除的心得体会。

附录　EWB 仿真软件介绍

附录一　EWB 基本概述

　　虚拟电子工作平台（Electronics Workbench，EWB）是在计算机上虚拟一个元件种类齐备、先进的电子工作平台，是加拿大 IIT（Interactive Image Technologies）公司于 20 世纪 80 年代开发的一种电子电路计算机仿真设计软件。该软件具有设计功能完善、操作界面友好、形象的特点，因此非常易于掌握。EWB 以 SPICE（Simulation Program with Integrated Circuit Emphasis）为软件核心，增强了其在数字和模拟混合信号方面的仿真功能。

　　EWB 的开发不仅很好地解决了电子线路设计中即费时费力又费钱的问题，给电子产品设计人员带来了极大的方便和实惠，可以利用计算机辅助设计进行电路仿真，有效地节省了开发时间和成本。而且，电子 EWB 方便的操作方式，直观的电路图和仿真分析结果显示形式，因此它非常适合于电子课程的辅助教学，有利于提高学生对理论知识的理解和掌握，也有利于培养学生的创新能力。

一、EWB 的主要特点

1. 系统集成度高，人机界面友好，界面直观，操作简单

　　由于 EWB 软件是基于 Windows 操作系统的，因此其操作方法与其他基于 Windows 环境的软件操作方法一样，所见即所得。EWB 软件把电路图的创建、电路的测试分析和仿真结果等内容都集成到一个电路窗口中。整个操作界面就像一个实验平台，操作简单。创建电路所需的元器件、仿真电路所需的测试仪器只要用鼠标点击，从窗口中选取，完成参数设置，连接成电路，就可以启动运行并进行分析测试等。

2. 真实的仿真平台，丰富的元器件库

　　EWB 的元器件库提供了数千种类型的元器件及各类元器件的理想参数，从无源器件到有源器件，从模拟器件到数字器件，从分立元件到集成电路，应有尽有，用户还可以根据需要修改元件参数或创建新元件。EWB 还提供了齐全的虚拟仪器，如示波器、信号发生器、万用表、波特图仪、频谱仪和逻辑分析仪等。虚拟的元器件、仪器与实物外形非常相似，仪器的操作开关、按键同实际仪器也极为相似。用这些元件和仪器仿真电子电路，就如同在实验室做实验一样，非常真实，而且操作起来更加容易。

3. 分析功能强大，输出方式灵活

　　EWB 提供了 14 种分析工具和 4 种扫描分析工具。利用这些工具，用户不但可以完成电

路的稳态分析和暂态分析、时域分析和频域分析、器件的线性分析和非线性分析、电路的噪声分析和失真分析等常规分析，而且还提供了离散傅里叶分析、电路的零极点分析、交直流灵敏度分析和电路的容差分析等分析方法。利用这些分析工具，清楚而准确地了解各种条件和参数变化时电路的工作状态。对电路进行仿真时，它可以储存测试点的数据、测试仪器的工作状态、显示的波形以及电路元件的统计清单等内容。这是采用手工分析方法无法做到的。

二、EWB 的版本

EWB 软件虽然功能很强大，但是作为一款优秀的仿真软件，也一直在进行不断升级，最初常见的升级版本有 EWB 4.0、EWB 5.0；之后 IIT 公司对 EWB 进行比较大的变动，名称也更改为 Multisim 6；2001 年，该软件又升级为 Multisim 2001，允许用户自定义元器件的属性，可以把一个子电路当做一个元件使用，为用户提供元器件模型的扩充和技术支持；2003 年，IIT 公司又对 Multisim 2001 进行了较大的改进，升级为 Multisim 7 以及最新的 Multisim9 和 Multisim10（目前的最新版本），增加了 3D 元件以及安捷伦的万用表、示波器、函数信号发生器等仿实物的虚拟仪表，使得虚拟电子工作平台更加接近实际的实验平台。

目前的 EWB 软件包含有电子电路仿真设计模块 Multisim、PCB 设计软件 Ultiboard、布线引擎 Ultiroute 以及通信电路分析及设计模块 CommSIM 四个部分，各个部分之间相互独立，可以独立使用。下面将以 Electronics Workbench5.0 为例进行介绍。

三、EWB 的主要组成

启动 Electronics Workbench 5.0 后，屏幕上会出现如附图 1 所示的 EWB 工作界面。工作界面主要由标题栏、菜单栏、工具条、元器件库、电路工作窗口、状态栏、仿真电源开关、暂停按钮等部分组成。

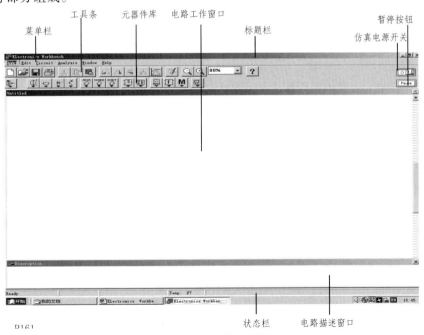

附图 1　EWB 的工作界面

附录二 用 EWB 仿真电路的步骤

用 EWB 软件对电子电路进行仿真有两种基本方法：一种方法是使用虚拟仪器直接测量电路；另一种是使用分析方法分析电路。

一、使用虚拟仪器直接测量电路

用该方法分析电路就像在实验室做电子电路实验一样。具体步骤如下：
（1）在电路工作窗口画出所要分析的电路原理图。
（2）编辑元器件属性，使元器件的数值和参数与所要分析的电路一致。
（3）在电路输入端加入适当的信号。
（4）放置并连接测试仪器。
（5）接通仿真电源开关进行仿真，在仪器上观察仿真结果。

二、使用分析方法分析电路

用 EWB 软件提供的 14 种分析方法仿真电子电路的具体步骤如下：
（1）在电路工作窗口画所要分析的电路原理图。
（2）编辑元器件属性，使元器件的数值和参数与所要分析的电路一致。
（3）在电路输入端加入适当的信号。
（4）显示电路的节点。
（5）选定分析功能、设置分析参数。
（6）单击仿真按钮进行仿真。
（7）在图表显示窗口观察仿真结果。
下面以一个简单振荡器的仿真为例进行说明。
第一步：启动软件。
从 Windows "开始" 菜单下 "程序" 中找到安装 Electronics Workbench 或者 Multisim ，就会打开类似附图 1 所示的用户主界面，并在电路窗口中自动建立一个新的空电路文件。
第二步：配置元器件，连接线路，编辑元器件参数。
可以从如附图 2 所示的工具栏元器件库中直接找到对应的元器件,比如电容和三极管等。

附图 2 EWB 的工具栏元器件库

将所有需要的元器件用鼠标直接拖到工作区，然后继续用鼠标进行线路的连接，中间可以将电路放到合适的位置便于观察，得到如附图 3 所示电路。
电路搭建完后即可对每一个元器件的参数进行编辑，只需要直接双击需要编辑的元器件即可弹出编辑框，附图 4 为电容的参数编辑界面。

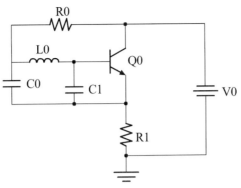

附图 3　使用鼠标拖放得到的电路图

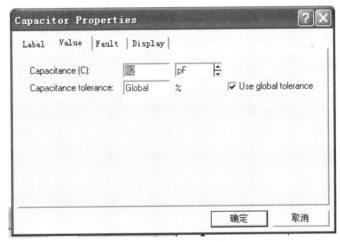

附图 4　电容的参数编辑界面

第三步：进行电路分析，比如使用示波器观察波形。直接将示波器连接到需要观察的波形的信号点上，并设置合适的示波器参数。

点击工具栏上的运行按钮，双击示波器即可看到需要观察的波形，如附图 5 所示。

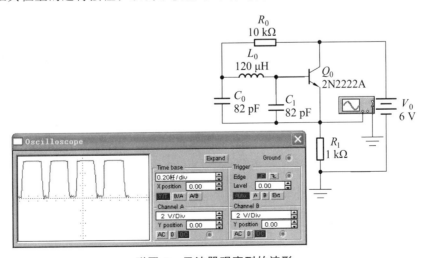

附图 5　示波器观察到的波形

附录三　仿真实例分析

为了帮助初学者尽快学会使用 EWB 仿真软件，下面给出 4 个仿真例子。

实例 1：共发射极单级放大电路

（1）电路的创建。

建立工作点稳定的共发射极放大电路如附图 6 所示。连接电路、设置元器件参数并连接仪器，同时设置连接到示波器输入端的导线为不同颜色，这样可区分两路不同的波形。

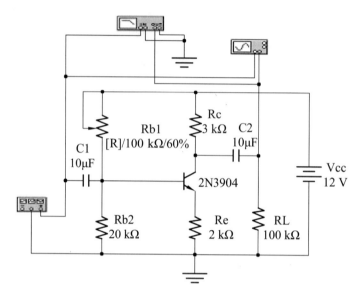

附图 6　工作点稳定的共发射极放大电路

（2）电路文件的保存。

电路创建好以后可将其保存，以备调用。

（3）电路的仿真实验。

① 双击有关仪器的图标，打开其面板如附图 7 所示，准备观察被测试点的波形。

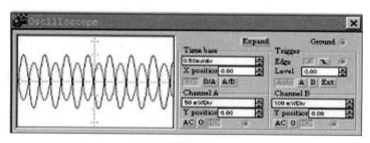

附图 7

② 按下电路"启动/停止"开关，仿真实验开始。如果要使实验过程暂停，可单击右上角的 Pause（暂停）按钮，再次单击 Pause 按钮，实验恢复运行。

③ 调整示波器的时基和通道控制，使波形显示正常。

一般情况下，示波器连续显示并自动刷新所测量的波形。如果希望仔细观察和读取波形数据，可以设置"Analysis"/"Analysis Options"/"Instruments"对话框中"Pause after each screen"（示波器屏幕满暂停）选项。

④ 如附图8所示波特图仪的面板上观测电路的幅频特性和相频特性。如果对波特图仪面板参数进行修改，修改后建议重新启动电路以保证曲线的精确显示。

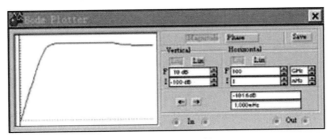

附图8　波特图仪

（4）电路的描述。

选择"Window"/"Description"命令可打开电路描述窗口，可以在该窗口中输入有关实验电路的描述内容。

（5）实验结果的输出。

实验结果的输出主要指：

① 最终测试电路的保存。

② 输出电路图或仪器面板（包括显示波形）到其他文字或图形编辑软件，这主要用于实验报告的编写。该操作可通过选择"Edit"/"Copy as Bitmap"命令来完成，具体操作方法请参阅EWB的帮助文件。

③ 打印输出。

实例2：组合逻辑电路分析

应用EWB软件对如附图9所示的组合电路进行分析。

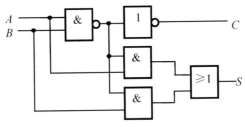

附图9　组合逻辑电路

（1）启动EWB。在EWB文件目录中找到可执行文件WEWB32.EXE，双击该文件后即进入EWB工作界面，EWB工作界面上元件库栏各符号及名称如附图10所示。

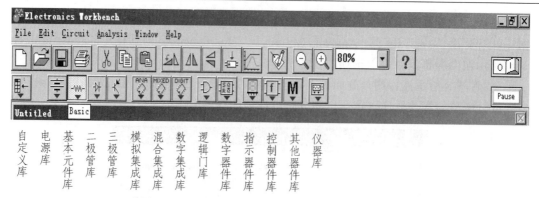

自定义库 电源库 基本元件库 二极管库 三极管库 模拟集成库 混合集成库 数字集成库 逻辑门库 数字器件库 指示器件库 控制器件库 其他器件库 仪器库

附图 10　EWB 工作栏和元件库栏各符号及名称界面

（2）逻辑门库和仪器库内部器件符号及名称分别如附图 11 和附图 12 所示。

与门 或门 非门 或非门 与非门 异或门 同或门 三态缓冲器 缓冲器 施密特触发器 与门芯片 或门芯片 与非门芯片 或非门芯片 非门芯片 异或门芯片 同或门芯片 缓冲门芯片

附图 11　逻辑门库内部器件符号及名称

（3）从逻辑门库中拖出与非门、与门、或非门符号到绘图区适当位置，双击与非门符号，将输入端数目修改为 3 个，同样修改或非门符号，然后连接电路。

从仪器库中拖出逻辑转换仪，按 A、B、C 顺序连接逻辑转换仪的输入端，Y 连接逻辑转换仪的输出端，如图附录.13 所示。

数字多用表 函数信号发生器 示波器 波特图仪 字信号发生器 逻辑分析仪 逻辑转换仪

附图 12　仪器库内部器件符号及名称

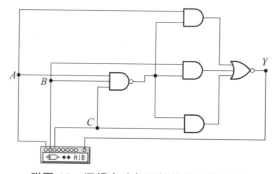

附图 13　逻辑电路与逻辑转换仪的连接

（4）双击逻辑转换仪符号放大逻辑转换仪界面，如附图14所示。

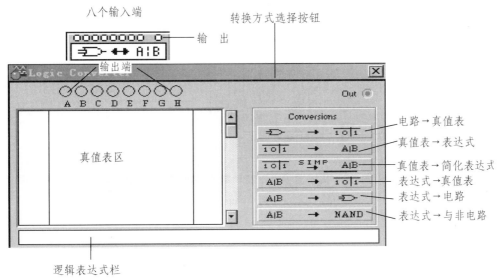

附图14　逻辑转换仪界面

（5）按下"电路转真值表"和"真值表转最简函数式按钮"，可在真值表区看到转换后真值表，在逻辑函数式栏看到"$A'B'C + ABC$"即 $Y = ABC + \overline{ABC}$，如附图15所示。

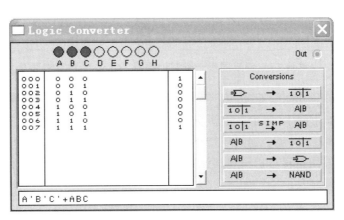

附图15　逻辑转换

实例3：同步十进制计数器

（1）从数字集成库中拖出一个集成同步十进制计数器74160符号到绘图区适当位置，再从指示仪器库中拖出一个译码数码管，从仪器库中拖出函数信号发生器和逻辑分析仪，然后连接电路如附图16所示。

（2）打开仿真开关，在连续 CP 作用下，观察译码显示数字的变化规律，其数字变化将从0、1、2、…、9又回到0，并用逻辑分析仪观察计数器状态转换规律，其波形如附图17所示。

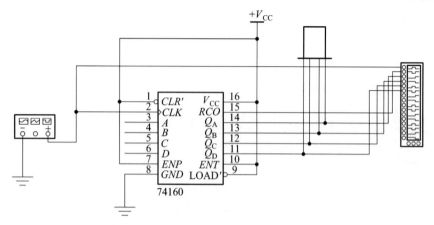

附图 16 集成同步十进制计数器 74160 仿真电路

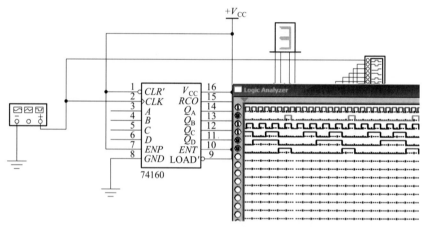

附图 17 集成同步十进制计数器 74160 的仿真波形

（3）若将 $DCBA = 0000$，Q_AQ_C 接与非门输入端，与非门输出端接预置数端 $LOAD'$，即 $\overline{LD} = \overline{Q_CQ_A}$，电路如附图 18 所示。重新观察译码显示数字的变化规律，其数字变化将从 0、1、2、…、5 又回到 0，可见，通过反馈预置法 74160 由为 8421BCD 码同步十进制计数器变为 6 进制计数器。并用逻辑分析仪观察计数器状态转换规律，其波形如附图 19 所示。

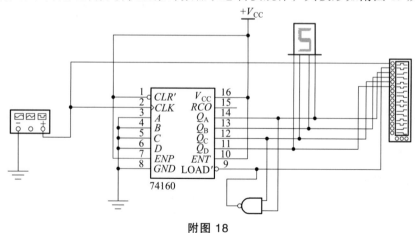

附图 18

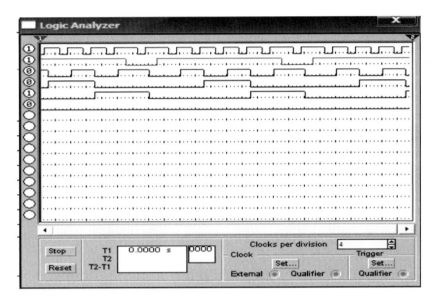

附图 19

参考文献

[1] 杨林国. 电子技术基础（数字篇）[M]. 合肥：安徽科学技术出版社，2007.

[2] 曾令琴. 数字电子技术[M]. 北京：人民邮电出版社，2009.

[3] 赵景波. 数字电子技术应用基础[M]. 北京：人民邮电出版社，2009.

[4] 邱寄帆. 数字电子技术[M]. 北京：人民邮电出版社，2005.

[5] 杨志忠. 数字电子技术[M]. 北京：高等教育出版社，2008.

[6] 阎石. 数字电子技术基础[M]. 北京：高等教育出版社，1998.

[7] 邓元庆. 数字电路与逻辑设计[M]. 北京：电子工业出版社，2001.

[8] 童诗白. 模拟电子技术基础[M].3 版. 北京：高等教育出版社，2001.

[9] 路而红. 虚拟电子实验室——EWB[M]. 北京：人民邮电出版社，2001.

[10] 周谟彦. 电子技术及应用（数字部分）[M]. 东南大学出版社，2003.